河南省中等职业教育规划教材
河南省中等职业教育校企合作精品教材

电子线路 CAD——
Altium Designer 10 应用

河南省职业技术教育教学研究室　编

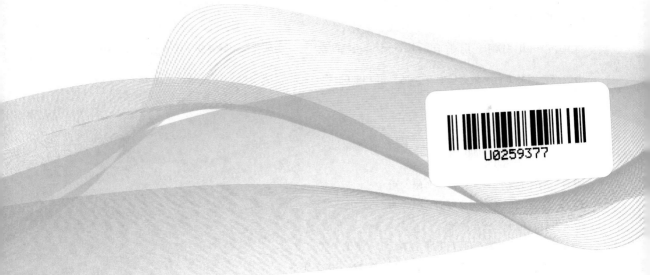

电子工业出版社
Publishing House of Electronics Industry
北京·BEIJING

内 容 简 介

本书根据全国中等职业学校电子类专业教学大纲，结合河南省电子技术应用专业教学标准，参照电子线路计算机辅助设计职业资格标准和行业技能鉴定标准，依据企业生产实际和职业能力要求，考虑中高职教学内容衔接，参考历年来全国电工电子技能大赛相关内容编写而成。

全书共分 3 个项目，分别为设计直流稳压电源 PCB、设计声光控延时开关 PCB、设计单片机控制电路 PCB。

本书为新编校企合作精品教材，采用了适应技能培养要求的"项目+任务"的编写体例，突出了工学结合、适应"双证"、体现"四新（新知识、新技术、新工艺、新方法）"的特点，适合中等职业教育电子类专业教学使用，也可作为对口升学知识与技能考试用书。本书配有免费的教学资料包。

未经许可，不得以任何方式复制或抄袭本书之部分或全部内容。

版权所有，侵权必究。

图书在版编目（CIP）数据

电子线路 CAD：Altium Designer 10 应用 / 河南省职业技术教育教学研究室编. —北京：电子工业出版社，2015.8
河南省中等职业教育规划教材　河南省中等职业教育校企合作精品教材

ISBN 978-7-121-26408-5

Ⅰ. ①电… Ⅱ. ①河… Ⅲ. ①印刷电路—计算机辅助设计—应用软件—中等专业学校—教材 Ⅳ. ①TN410.2

中国版本图书馆 CIP 数据核字（2015）第 138302 号

策划编辑：白　楠
责任编辑：郝黎明
印　　刷：北京虎彩文化传播有限公司
装　　订：北京虎彩文化传播有限公司
出版发行：电子工业出版社
　　　　　北京市海淀区万寿路 173 信箱　邮编　100036
开　　本：787×1 092　1/16　印张：12　字数：307.2 千字
版　　次：2015 年 8 月第 1 版
印　　次：2023 年 9 月第 12 次印刷
定　　价：30.00 元

凡所购买电子工业出版社图书有缺损问题，请向购买书店调换。若书店售缺，请与本社发行部联系，联系及邮购电话：（010）88254888，88258888。

质量投诉请发邮件至 zlts@phei.com.cn，盗版侵权举报请发邮件至 dbqq@phei.com.cn。

本书咨询联系方式：（010）88254592，bain@phei.com.cn。

河南省中等职业教育校企合作精品教材

出版说明

为深入贯彻落实《河南省职业教育校企合作促进办法（试行）》（豫政[2012]48号）精神，切实推进职教攻坚二期工程，我们在深入行业、企业、职业院校调研的基础上，经过充分论证，按照校企"1+1"双主编与校企编者"1：1"的原则要求，组织有关职业院校一线骨干教师和行业、企业专家，编写了河南省中等职业教育校企合作精品教材。

这套校企合作精品教材的特点主要体现在：一是注重与行业联系，实现专业课程内容与职业标准对接，学历证书与职业资格证书对接；二是注重与企业的联系，将"新技术、新知识、新工艺、新方法"及时编入教材，使教材内容更具有前瞻性、针对性和实用性；三是反映技术技能型人才培养规律，把职业岗位需要的技能、知识、素质有机地整合到一起，真正实现教材由以知识体系为主向以技能体系为主的跨越；四是教学过程对接生产过程，充分体现"做中学，做中教"、"做、学、教"一体化的职业教育教学特色。我们力争通过本套教材的出版和使用，为全面推行"校企合作、工学结合、顶岗实习"人才培养模式的实施提供教材保障，为深入推进职业教育校企合作做出贡献。

在这套校企合作精品教材编写过程中，校企双方编写人员力求体现校企合作精神，努力将教材高质量地呈现给广大师生，但由于本次教材编写是一次创新性的工作，书中难免会存在不足之处，敬请读者提出宝贵意见和建议。

河南省职业技术教育教学研究室

2015 年 5 月

河南省中等职业教育校企合作精品教材

编写委员会名单

主　任：尹洪斌

副主任：董学胜　黄才华　郭国侠

成　员：史文生　宋安国　康　坤　高　强

　　　　冯俊芹　田太和　吴　涛　张　立

　　　　赵丽英　胡胜巍　曹明元

前　言

依据《河南省职业教育校企合作促进办法》和教育部、省政府有关加强职业教育校企合作的精神，本着适应企业需要，突出能力培养，体现"做中学，做中教"的职教特色，在深入企业调研的基础上，编写了《电子线路 CAD——Altium Designer 10 应用》校企合作教材。

本书以技能操作为主，以知识够用为原则，以提高学生综合职业能力和服务终身发展为目标，每个项目采用了"任务分析—任务准备—任务实施—任务评价"的编写模式。在本书的编写中，力求突出以下特色：

（1）在编写理念上，贴近中职学生的认知规律，体现"职业性、企业性、实践性"：内容涵盖计算机辅助设计绘图员、计算机电子电路辅助设计工国家职业资格中级工考核标准；以企业的工作过程为具体的教学模块，以职业技能目标提炼教学内容；每个项目都有实际电子产品与之对应，使学生从抽象的想象式设计转为直观的实物对照设计，通过具体电子产品 PCB 设计，引入相关知识点，注重做中学、做中教，教、学、做合一，突显理论实践一体化的职教特色。

（2）在内容编排上，以电子产品为载体，根据制作 PCB 板的难易程度，安排了三个递进式的项目设计，以设计流程为主线，形成一个完整的系统的工作过程，把知识点按设计要求分布各个项目中，适合分层次教学的要求。尤其是书中实用、实际的项目内容，均是来自于一线教师和企业技术人员的心得体会与经验总结。

（3）在结构设置上，把"技能目标"和"知识目标"放在每个项目开端，使读者对本项目的重点技能和知识点一目了然；"任务分析"中任务明确、具体，使学生清楚了解每次课需要完成的工作任务；"任务实施"对照任务内容，介绍完成任务的步骤；"任务评价"标准严格，配分明确，便于学生和教师进行评价。

（4）在呈现形式上，全书穿插着实物图片、操作步骤、操作截图、知识介绍等环节，书后附录提供了大量的设计实例，力求学生在电子技术技能与知识掌握方面共同提高。

本书共分 3 个项目，建议安排 80 学时，在教学过程中可参考如下所示的课时分配表。

项目序号	项目内容	参考课时
项目 1	设计直流稳压电源 PCB	40
项目 2	设计声光控延时开关 PCB	22
项目 3	设计单片机控制电路 PCB	18

本书由河南信息工程学校史娟芬和聚物腾云物联网（上海）有限公司马熙飞担任主编并统稿，河南信息工程学校常钊和河南聚合科技有限公司王路宽担任副主编。主要参编人员分工如下：常钊与湖北十堰职业技术（集团）学校吕玉洁编写项目 1 任务 1；郑州电子信息工程学校李良编写项目 1 任务 2 和任务 3；安阳市中等职业技术学校张志彬编写项目 2 任务 1；史娟芬编写项目 2 任务 2；常钊编写项目 3 任务 1；马熙飞编写项目 3 任务 2 和任务 3。在本书编写提纲的制定和各项目的编写过程中，武汉莱斯特电子科技有限公司许志国、广州精盛电子科技有限公司陈明强跟踪指导并提供了大量的素材。

本书配有免费的教学资料包，请有需要的读者登录华信教育资源网（www.hxedu.com.cn）免费注册后再进行下载，如有问题请与电子工业出版社联系。本书配有相关电子产品装配套件。

由于编者水平有限，教材中难免存在不足之处，敬请读者予以批评指正。

编　者

2015 年 5 月

目　录

项目 1

设计直流稳压电源 PCB

电子线路 CAD 的基本内容是绘制原理图和设计 PCB（印制电路板），本项目以直流稳压电源为例，从识读 PCB、绘制原理图、设计 PCB、简单手工制板到焊接装配等环节，完整呈现从原理图到实际产品的系统工作过程。

技能目标

能识读单面 PCB 板。
学会创建项目及原理图文件。
能绘制简单的电路原理图。
能设计简单的单面 PCB 板。
会进行简单的手工制板。

技能目标

了解 Altium Designer 10 的基本概念及特点。
了解电子产品研发的流程。
掌握原理图的绘制方法。
掌握 PCB 的设计方法。
了解简单的手工制板流程。

任务 1　绘制直流稳压电源原理图

任务分析

绘制原理图就是在原理图文件中放置元器件和连接导线，将各元件的电气连接关系清晰、正确、直观地表达出来，为设计 PCB 做准备。

请按要求在 18 节课内完成以下任务：

1. 了解电子产品研发流程。

2. 识读单面板。

（1）了解 PCB 板结构和设计、生产流程。

（2）绘制出单面板的电路原理图。

3. 创建工程及原理图文件。

（1）建立以"班级-学生姓名"命名的文件夹，将所有的文件都放在此文件夹中，任务结束时把文件夹提交到指定位置。

（2）创建设计工程项目文件，命名为"直流稳压电源.PrjPCB"，在其中添加一个原理图文件，命名为"直流稳压电源原理图.SchDoc"。

4. 设置原理图设计环境。

（1）原理图图纸大小为 B5，图纸方向为纵向，标题栏为 Standard 类型，图纸边缘色为蓝色，背景色为白色，字体为 Times New Roman，大小为 10。

（2）设计捕获栅格尺寸为 5mil，可视网格为 5mil，电气栅格为 4mil。

5. 创建和调用模板文件。

（1）新建一个模板文件，要求标题栏如图 1-1 所示，保存模板文件为"模板一"（单位：mm）。

（2）在前面所建立的"直流稳压电源原理图.SchDoc"中调用"模板一"。

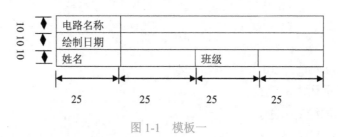

图 1-1　模板一

6. 绘制直流稳压电源电路原理图。

（1）把 Altera Cyclone III.IntLib 添加到当前所用库中。

（2）绘制直流稳压电源电路原理图，如图 1-2 所示。

7. 编译直流稳压电源原理图。

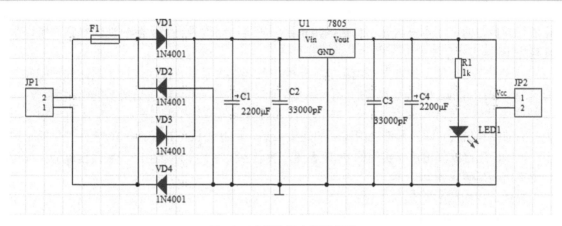

图 1-2　直流稳压电源原理图

任务准备

安装有 Altium Designer 10 软件的计算机，单面电路板。

任务实施

一、认识典型电子产品研发流程

1. 什么是电子线路 CAD?

电子线路 CAD 是电子线路计算机辅助设计的简称,指利用计算机来完成电子线路的仿真设计和印制板的设计检测等,其特点是速度快、准确性高、能极大地减轻工程设计人员的劳动强度。CAD 软件种类较多,历经多年发展,Altium Designer 10 以操作简便、功能齐全、方便易学、自动化程度高等优点占领了市场,成为目前应用最广泛的电子线路 CAD 软件。

2. Altium Designer 10 简介

Altium Designer 10 相比早期版本,有以下优点:

(1)"一体化"设计理念,软件与硬件协同设计,使硬件设计软件化。

(2)更加丰富的元件库。

(3)使用集成元件库。实现原理图元件和 PCB 引脚封装的统一管理,使用户在添加引脚封装的同时就可以看到封装的形状。

(4)各设计工具可以同步化设计,极大提高工作效率。

(5)操作更加简单明了,界面更加人性化。

(6)新的交互式布线功能。

(7)三维 PCB 可视引擎性能提高。

3. 电子线路 CAD 设计的基本流程

电子线路 CAD 设计的基本流程一般分为三步:

(1) 电路可行性分析。根据设计任务要求确定单元电路及元件参数,利用软件的仿真功能进行分析与验证。本书内容不包括电路设计，所用电路均为已经实际验证的电路，所以仿真略去不讲。

（2）原理图绘制。原理图是电路中各元件电气连接关系示意图，表达了电路的结构和功能，Altium Designer 10 具有丰富的元件库，多种连线类型，可以绘制出所需的电路图。

（3）PCB（印制电路板）设计。电路设计的最终目的是制作电子产品，PCB 板实现了电子产品的物理结构，即元器件之间实际的连接关系。利用 Altium Designer 10 软件提供的封装库，可以快速地绘制出可靠实用的 PCB 版图，输出各种生产文件，生产厂家根据这些文件可以生产出满足要求的 PCB 板。

具体流程如图 1-3 所示。

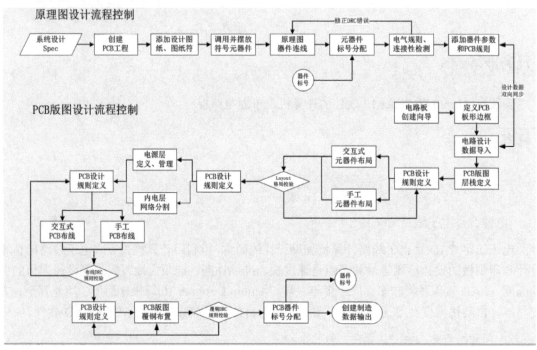

图 1-3　电子线路 CAD 具体流程图

二、识读单面 PCB 板

1．PCB 板基本知识

（1）印制电路板结构

电子设备中的电路板就是把许多电子元器件连接起来构成电路，如果直接用导线连接这些元件，不但连线繁多，还容易出错，使用印制电路板可以解决这些问题，印制电路板简称 PCB 板，是英文 Print Circuit Board 的缩写。印制电路板通常是指按预定设计，在通用基材（绝缘材料）上用印制的方法制成导电铜箔和元件封装，如图 1-4 所示。

PCB 的主要功能是支撑构成电路的电子元器件和互联导线，即支撑和互联两大作用。基板通常是由绝缘隔热、不易弯曲的材质制成，上面覆有一层铜箔，通过一定的手段把电路导线和焊盘印在覆铜板上，然后把其余部分蚀刻处理掉，在 PCB 板表面可以看到成网状的细小线路材料就是铜箔，这些线路被称为导线（Conductor Pattern），用来提供电子元器件的电路连接，圆形和方形的就是焊盘，装配时把元件引脚与焊盘焊接在一起。

通常 PCB 的颜色是绿色或棕色，这是阻焊漆（Solder Mask）的颜色。阻焊漆是绝缘的防护层，可以保护铜箔，也可以防止零件被焊接到不正确的位置。在阻焊层上，还会印制上一层丝网印刷面（Silk Screen），通常在上面会印上文字与符号（大多是白色的），以标出电子元件在板上的位置。为了使印制电路板的焊盘更容易焊接，通常还要在焊盘上涂一层助焊膜。

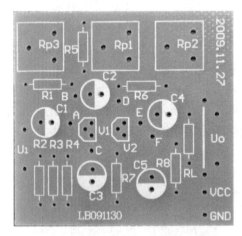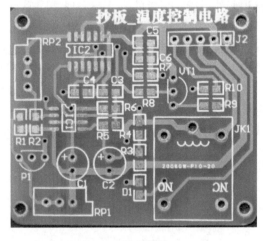

（a）单面板　　　　　　　　　　　　　　　　（b）双面板

图 1-4　单面板和双面板

（2）印制电路板的分类

实际 PCB 生产中会根据不同的需要选用不同的基材、导线、层数等，所以 PCB 板的分类主要有以下几种：根据柔软度，PCB 板分为硬板和软板；根据材质，PCB 可分为纸基材铜箔基板、复合基板、玻纤布铜箔基板、陶瓷基板、金属基板、热塑性基板等；根据布线层数，PCB 分为单面板、双面板和多层板。

单面板只有一面有导电铜箔，如图 1-4（a）所示，使用时把元件安装在没有导电铜箔的一面，元件引脚通过插孔下穿到有导电铜箔的一面，使用工具把元件焊接到电路板上。单面板成本低，但连接线路不能复杂，只能用于简单的电子产品中。

双面板的两面都有导电铜箔，称为顶层和底层，如图 1-4（b）所示，双面板的两面都可以焊接元件，两面之间可以通过通孔相连，双面板可以实现比单面板更复杂的功能。多层板是具有多个导电层的电路板，除了具有顶层和底层之外，在内部还有导电层，一般是将多个双面板采用压合工艺制成的，主要用于复杂的高档电子产品中。本书中只涉及单面板和双面板的设计。

（3）印制电路板的制作工艺流程

要想设计出合乎要求的印制板，电子产品设计人员需要了解现代印制电路板的一般工艺流程，即下料→丝网漏印→腐蚀→去除印料→孔加工→涂助焊剂和阻焊漆→印标记→成品分割→测试。

（4）元件封装

① 封装的概念。为了使印制电路板可以安装所选用的各种元器件，要求在设计电路板时，用与元件实际形状和大小相关的符号表示元件，即实际元件在 PCB 板上的投影，即封装，元

件封装是指实际元件焊接到电路板时所指示的外观和焊点的位置。即使是同一个元件，如果安装方式不同，如电解电容的立式安装和卧式安装，在 PCB 板上的投影也是不一样的，所选用封装就不能相同。同时，即使是不同元件，如果投影和焊盘是相同的，封装就可以选用相同的。

焊盘是用来固定元件引脚的，所以焊盘之间的距离和大小要与实际元件引脚相对应，为了标识元件引脚，焊盘的形状有方形、圆形等。

② 封装的分类。按照元件安装方式的不同，元件封装可以分为直插式和表面粘贴式两大类。

直插式元件焊接时将元件引脚插入焊盘通孔中，然后再焊接，即元件和焊盘在 PCB 板的不同面上，图 1-5 所示为直插式电阻的封装，焊盘中有通孔。

表面粘贴式元件焊接时把引脚直接焊到焊盘上就行，也就是元件和焊盘在电路板的同一面上，所以又称为贴片元件。表面粘贴式电阻封装如图 1-6 所示，焊盘上没有通孔。表面粘贴式元件占用空间小，不影响其他层的布线，是近年来元器件封装的一种发展趋势。

图 1-5　直插式电阻封装　　　　　　　　图 1-6　表面粘贴式电阻封装

③ 常用元件封装。直插式元件封装名称由两部分组成，如电阻 AXIAL0.3 可拆成 AXIAL 和 0.3，AXIAL 是轴状的，0.3 则是该电阻在印刷电路板上的焊盘间的距离也就是 300mil（因为在电机领域里，是以英制单位为主的。同样的，对于无极性的电容，RAD0.1～RAD0.4 也是一样的；对有极性的电容如电解电容，其封装为 RB.2/.4、RB.3/.6 等，其中 ".2" 为焊盘间距，".4" 为电容圆筒的外径。

对于常用的集成 IC 电路，有 DIPxx，就是双列直插的元件封装，DIP8 就是双排，每排有 4 个引脚，两排间距离是 300mil，焊盘间的距离是 100mil。SIPxx 就是单排的封装。

贴片元件封装主要看后四位数字，常用的电阻、电容、二极管的封装的 1210、0805、0603 等，前两位是元件封装的长度，后面两位是宽度，封装的尺寸一般和元件的功率有关系，功率越大，封装越大。

2. 识读单面 PCB 板

从前面内容可知，PCB 设计的一般流程是先绘制电路原理图，再设计成 PCB 板；而识读 PCB 板则是根据现成产品的 PCB 板，把原理图绘制出来，这是 PCB 设计的逆过程，属于反向 PCB 工程，反向工程是指通过技术手段对从公开渠道取得的产品进行拆卸、测绘、分析等而获得该产品的有关技术信息。

对于学生来说，以学习为主要目的，通过识读 PCB 板，可以加深对 PCB 板结构和元件封装的理解，为之后的 PCB 设计打下基础。

三、创建工程及原理图文件

在开始设计之前，需要了解 Altium Designer 10 的文件管理方式，它引入了设计工程项目的概念，工程是每项电子产品设计的基础，即在印制电路板的设计过程中，一般先建立一个设计工程文件，然后在该工程文件下新建或添加各种设计文件，即使这些文件不保存在一个文件夹中，只要一打开工程文件，就能看到与工程相关的所有文件，方便管理和查阅。

Altium Designer 10 的文件组织结构如图 1-7 所示。

PCB 设计工程文件（.PrjPCB）
- 原理图文件（.SchDoc）
- 元件库文件（.SchLib）
- 网络报表文件（.NET）
- PCB 设计文件（.PcbDoc）
- PCB 封装库文件（.PcbLib）
- 报表文件（.REP）
- CAM 报表文件（.Cam）等

图 1-7　Altium Designer 10 的文件组织结构

1. 创建直流稳压电源工程

（1）启动并汉化 Altium Designer 10

安装完 Altium Designer 10 后，执行【开始】→【所有程序】→【Altium Designer Release 10】命令启动 Altium Designer 10 软件，启动画面如图 1-8 所示。

图 1-8　Altium Designer 10 启动画面

Altium Designer 10 启动后，进入主页面，如图 1-9 所示。如果界面为英文界面，应先进行汉化处理。

图 1-9　Altium Designer 10 系统主页面

汉化时选择【DXP】→【Preferences】菜单，如图 1-10 所示，将弹出系统参数设置对话框，如图 1-11 所示。

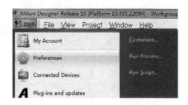

图 1-10　【DXP】→【Preference】菜单

图 1-11　Preference 系统参数设置

在弹出的对话框中，选择【System】→【General】选项，在【Localization】部分中选择【Use localized resources】复选框，然后单击【OK】按钮。

重新启动软件，即转换成中文界面，如图 1-12 所示。

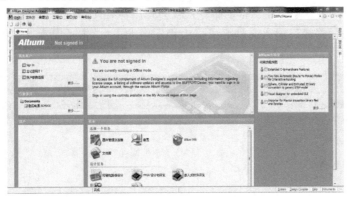

图 1-12 汉化后的主页面

（2）创建工程文件

执行【文件（F）】→【新建（N）】→【工程（J）】→【PCB 工程（B）】菜单命令，如图 1-13 所示。即在左侧工作区面板 Projects 里看到新建了一个 PCB 工程文件，如图 1-14 所示。

图 1-13 创建稳压电源工程文件菜单选项

图 1-14 新建的工程文件

新建的工程文件默认名称为 PCB_Project1.PrjPCB。

（3）保存工程文件

执行【文件（E）】→【保存工程】命令，就会弹出保存工程文件对话框，如图 1-15 所示。在对话框中选择保存路径，输入文件名"直流稳压电源"，单击【保存（S）】按钮，保存该工程文件。

图 1-15　保存工程文件

2. 新建直流稳压电源原理图文件

像房屋装修一样，设计师会根据业主的要求先画出简洁直观的效果示意图，经业主检查同意后，再画出施工图供工人师傅作为实际的施工指导，电子线路设计也是如此，要首先画出电路原理示意图，在画电路原理图之前，先新建原理图文件。

在已建立的工程中添加文件有两种常用方法，第一种方法如图 1-16 所示，执行【文件（F）】→【新建（N）】→【原理图（S）】命令，即可新建原理图文件，进入原理图编辑器窗口。系统默认的文件名为 Sheet1.SchDoc，处于刚才创建的工程项目之下，如图 1-17 所示。

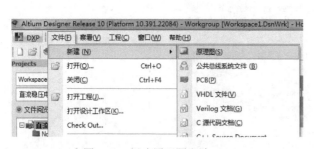

图 1-16　新建原理图方法一

图 1-17　新建原理图文件

第二种方法是右击【直流稳压电源.PrjPCB】工程文件名，在弹出的菜单里选择【给工程添加新的（N）】→【Schematic】选项，如图 1-18 所示，也会出现如图 1-17 所示的新建原理图文件。

图 1-18　新建原理图方法二

和保存工程文件类似，执行菜单【文件（F）】→【保存（S）】命令，就会弹出保存原理图文件对话框，如图 1-19 所示。在对话框中选择保存路径，输入文件名"直流稳压电源"，保存类型为"Advanced Schematic binary(*.SchDoc)"，单击【保存】按钮，保存该原理图文件。

图 1-19　保存直流稳压电源原理图文件

保存后在"Projects"工作区面板看到的效果如图 1-20 所示，直流稳压电源原理图文件处于直流稳压电源工程之下。

图 1-20　原理图保存后在工作区面板显示

四、定义原理图设置环境

1. 认识原理图工作环境

原理图的工作环境主要包括：主菜单栏、标准工具栏、布线工具栏、实用工具箱、编辑窗口、元器件库面板、面板控制中心几大部分，如图 1-21 所示。

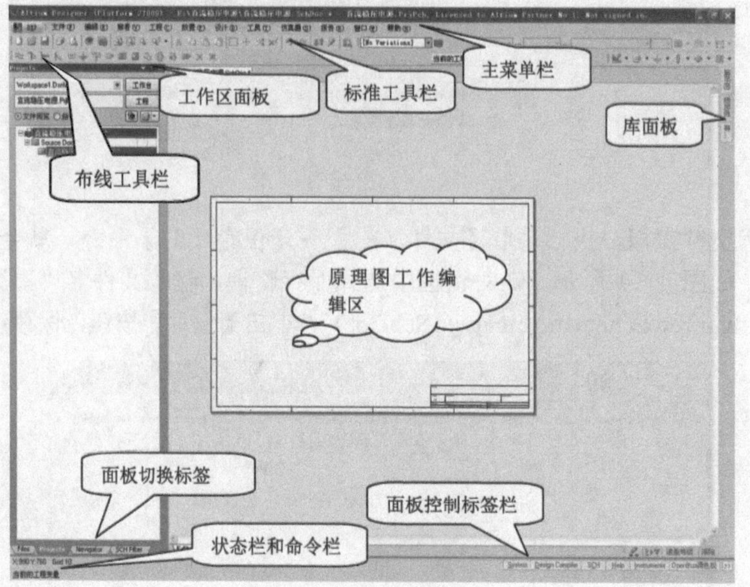

图 1-21　原理图工作环境

（1）主菜单栏

主菜单栏提供了对原理图编辑所需要的所有操作，如图 1-22 所示。当 Altium Designer 10 系统处理不同类型的文件时，主菜单的内容会发生相应的改变。

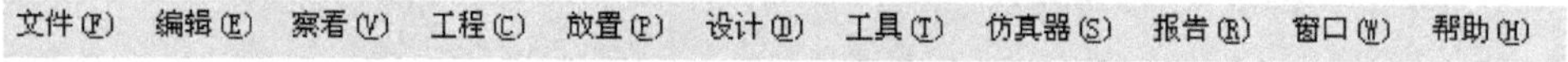

图 1-22　主菜单栏

（2）标准工具栏

标准工具栏提供了常用的文件的复制、粘贴、查找等编辑功能操作等，将鼠标放在图标上，该图标对应的功能及其热键会显示出来，如图 1-23 所示。

图 1-23　标准工具栏

（3）布线工具栏

在原理图设计界面系统提供了丰富的布线工具栏，用户能够快速方便地进行原理图的绘制。

该栏主要完成放置原理图中的元器件、电源、地、端口等操作，同时还提供了元件之间的连线、总线、信号线束、总线入口、网络标签等内容，如图 1-24 所示。

（4）实用工具栏

该栏包括了 6 个实用高效的工具箱：实用工具箱、排列工具箱、电源工具箱、数字器件工具箱、仿真源工具箱、网格工具箱，如图 1-25 所示。

图 1-24 布线工具栏

图 1-25 实用工具栏

（5）工作区面板

用户可以通过工作区面板方便地进行转换设计文件、浏览元器件、查找编辑特定对象等操作。在进行原理图的设计中，经常要用到的面板有 Projects 工程、Files 文件、Navigator、库等。

① Projects 工程面板：提供了所有有关项目的功能，用户可以方便地新建、导入、打开和关闭各种文件，如图 1-26 所示。

② Files 文件面板：用户可以在该面板中进行打开各种文件或者利用模板新建文件，如图 1-27 所示。

③ Navigator 导航面板：提供原理图编译分析后的所有信息，通常用于原理图的检查。

④ 库面板：用户可以浏览当前加载的所有元件库，另外还可以对元件的封装、原理图符号等进行预览。通过该面板可以将元器件放置在原理图上，如图 1-28 所示。

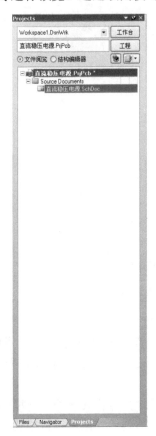

图 1-26 工程面板

图 1-27 文件面板

图 1-28 库面板

工作区面板有两种显示模式，可以通过面板右上方的按钮进行切换。

始终显示。

 自动隐藏：当不使用该面板时，将自动隐藏起来，并在窗口的左上角出现各工作区面板的标签；当需要使用某工作区面板时，单击相应的标签，可以再次显示该面板。

当工作区面板被关闭后，可以通过执行【察看（V）】→【工作区面板（W）】命令激活相应的面板，也可以在标签栏选择打开。

2. 设置文档选项

在新建的原理图文件中，系统会给其一组默认的图纸相关参数，但是这种默认的设置通常不符合我们的要求，如图纸尺寸、字体、颜色等。所以需要对原理图进行相应的设置，以便更好地完成原理图绘制。

（1）打开【文档选项】对话框

执行【设计（D）】→【文档选项（O）】命令，如图 1-29 所示，或者在原理图编辑空白区右击，在弹出的菜单中选择【选项】→【文档选项】，如图 1-30 所示，都可打开【文档选项】对话框，如图 1-31 所示。

图 1-29 打开【文档选项】对话框方法一

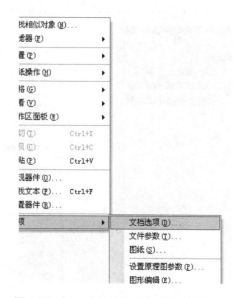

图 1-30 打开【文档选项】对话框方法二

（2）设置图纸及字体

图纸的尺寸决定了图纸的大小，在 Altium Designer 10 中系统提供了两种尺寸单位，即公制单位（mm）和英制单位（mil），系统默认的单位为英制单位。二者之间的换算公式为：1 in=25.4mm；1 in=1000mil（毫英寸）。

单位的切换在【文档选项】对话框的"单位"选项卡中实现，只需将其前的复选框选中即可，如图 1-32 所示。实际操作中通常采用【Q】快捷键，可以方便地在两种单位制式之间进行切换。

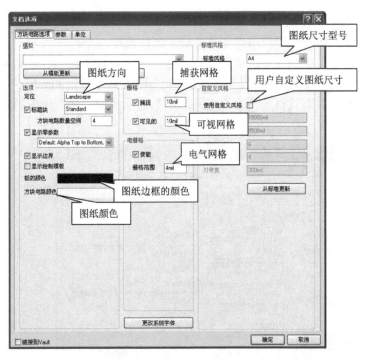

图 1-31　【文档选项】对话框

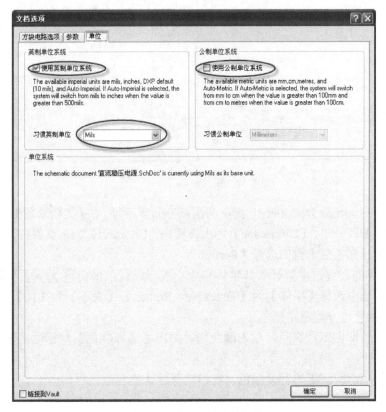

图 1-32　原理图单位的切换

在本项目中，原理图纸的尺寸要求为 B5：176×250（mm）/6.9×9.8（in），此尺寸不在已有的尺寸型号当中，需要用户使用自定义风格来进行设置。

在【文档选项】对话框的【方块电路选项】选项卡中，将【使用自定义风格】复选框选中，在【定制宽度】栏和【定制高度】栏分别填入"6900mil"、"9800mil"。

同样在【文档选项】对话框的【方块电路选项】选项卡中，将原理图的其他环境参数设置正确，如图 1-33 所示。

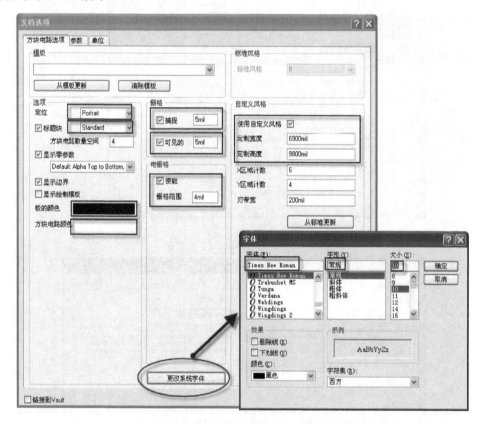

图 1-33　原理图环境参数设置

① 图纸方向：Altium Designer 10 提供的图纸方向有两种。在【文档选项】对话框中的"定位"下拉列表中可以设定，【Landscape】为水平横向，【Portrait】为垂直纵向，系统默认为水平横向，根据项目任务要求我们选择"Portrait"。

② 系统字体的设置：主要针对其字体和大小进行设置。单击 更改系统字体 按钮，在弹出的【字体】对话框中选择【字体】为【Times New Roman】，【大小】为【10】。

③ 板的边缘色与方块电路颜色。

板的边缘色，即图纸边缘色，单击颜色块，弹出【选择颜色】对话框，我们选择蓝色，如图 1-34 所示。

方块电路颜色，即图纸的背景颜色，我们选择默认的白色。

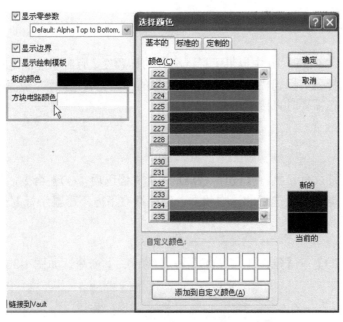

图 1-34　板的边缘色与方块电路颜色的设置

（3）设置网格

为了绘图方便，原理图图纸按照设定的单位划分为许多小方格。使用网格不仅可以使得绘制的原理图美观整齐，还可以大大加快绘制原理图的速度。使用中根据实际的情况来设置网格的大小，图纸网格分为以下三种。

① 捕捉网格（跳转栅格）：绘制原理图时，移动图件（元件、导线、网络标签、字符串、鼠标移动）的基本步长，即最小单位距离。本项目要求为 5mil，即移动图件或画线时，移动的距离为 5mil、10mil、15mil、20mil……

建议使用捕捉网格，因为若其失效，那么原理图的各个项目的位置会十分自由，整个原理图就会显得凌乱、不规范；设定的栅格值不是一成不变的，一般情况下，捕获网格的大小设置应该与可视网格的大小匹配。

② 可视网格：将图纸放大后可以看到的网格大小，本项目要求设置为【5mil】。

③ 电气网格：电气网格一旦有效，在元件放置和连线时会自动搜索电气节点，即在连线时会以设定的 4mil 为半径，以光标中心为圆心，向四周搜索电气节点，并自动跳动电气节点处，以方便连线，如图 1-35 所示。电气网格复选框选中有效后，可以进行对其进行设置（4mil）。

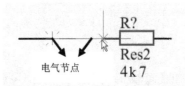

图 1-35　电气网格与电气节点

设置完成后，单击【确定】按钮，退出文档选项设置状态。

五、创建和调用模板文件

虽然在 Altium Designer 10 中提供了标准模式的标题栏，有时不能满足设计者要求。如果用户想制作有自己特色的标题栏，可以将系统提供的标题栏设置隐藏，然后创建新的标题栏，并把它存成模板，在需要时直接调用即可。

1. 创建模板

（1）新建一个原理图文件，隐藏默认标题栏

新建一个原理图文件，执行【设计（D）】→【文档选项（O）】命令，打开【文档选项】对话框，取消【标题块】复选框的选中状态，则图纸右下方不再显示标题栏，设置完毕后，单击【确定】按钮。

（2）绘制模板表格

执行【放置（P）】→【绘图工具（D）】→【线（L）】命令，如图 1-36 所示。

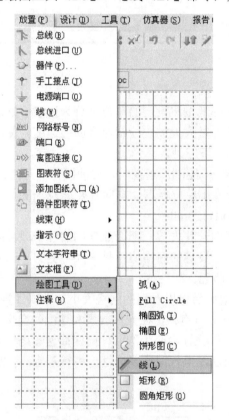

图 1-36　直线工具的菜单命令

或者选择绘图工具栏中的【直线工具】符号，都可以进入放置直线状态，按【Tab】键打开直线属性设置对话框，将直线的颜色设置为黑色，其他采用默认设置即可，如图 1-37 所示。

在图纸上单击确定一个顶点，移动鼠标，拖曳出一段任意长直线，单击左键确定另一顶点，单击右键结束直线的绘制，如图 1-38 所示。

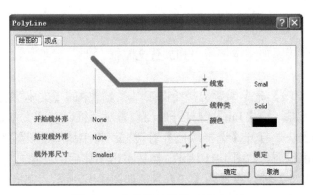

图 1-37　直线属性设置对话框

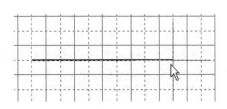

图 1-38　直线的绘制

按照任务要求，边框的总长为 25×4=100mm，双击直线，打开其属性对话框，选择顶点选项，由于指数 1 的 X 坐标为 152.4，单击指数 2 的 X 坐标，将其改为 252.4，即设置直线长为 100mm，如图 1-39 所示。

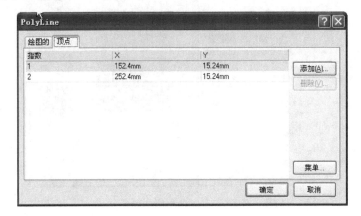

图 1-39　直线属性顶点选项

用同样的方法绘制如图 1-1 所示的标题栏边框，绘制完成后按着鼠标左键选中标题栏全部内容，将标题栏边框拖曳到原理图的右下方，如图 1-40 所示。

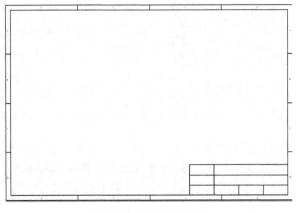

图 1-40　空白模板表格

2. 添加文字

在电路图上添加文字有两种方法：直接添加文本字符串和放置文本框。

（1）添加文本字符串

执行【放置（P）】→【文本字符串（T）】命令或者选择绘图工具栏 中的【文本字符串工具】符号 ，进入放置文本字符串状态，按【Tab】键打开属性设置对话框，在【文本】一栏输入相应名称：电路名称，单击颜色块，打开【选择颜色】对话框，将字体颜色设置为3 号色即黑色，单击【确定】按钮完成颜色设置，如图 1-41 所示。然后单击字体后的 改变… 按钮，打开【字体】对话框，对【字体大小】进行设置为【20】号，如图 1-42 所示。完成后单击【确定】按钮，移动光标到相应位置单击，放置字符串。

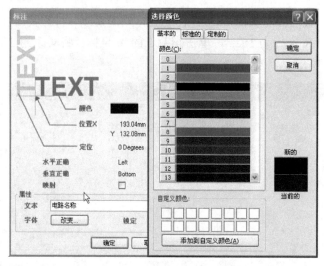

图 1-41　文本内容及字体颜色更改

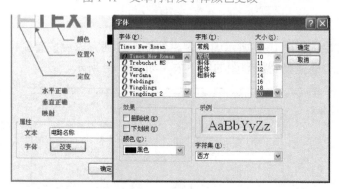

图 1-42　文本的字体设置

（2）放置文本框

执行【放置（P）】→【文本框（F）】命令或选择绘图工具栏 中的【文本框工具】符号 ，按【Tab】键打开【文本结构】对话框，如图 1-43 所示，按照与文本字符串同样的方法对属性进行设置，设置完成后单击【确定】按钮。

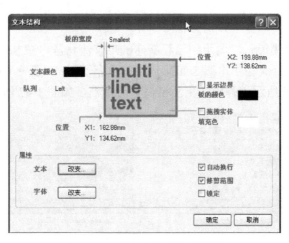

图 1-43　【文本结构】对话框

依次往表格中添加其他文字，完成效果图如图 1-44 所示。

电路名称	
绘制日期	
姓　名	班　级

图 1-44　模板表格

3. 保存模板

模板绘制好后，执行【文件（F）】→【保存拷贝为…（Y）】命令，弹出如图 1-45 所示的保存文件对话框，输入保存文件名"模板一"，并在保存文件类型中选择原理图模板类型【Advanced Schematic Template　(*.Schdot)】，单击【保存】按钮从而将模板进行保存。

图 1-45　模板的保存

4．调用模板

下面将创建好的"模板一"调用到已经新建的"直流稳压电源.SchDoc"原理图文件中。

打开原理图文件"直流稳压电源.SchDoc"，执行【设计（D）】→【项目模板（P）】→【模板一】命令，如图 1-46 所示，弹出【更新模板】对话框，如图 1-47 所示。

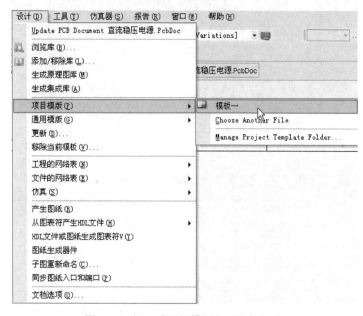

图 1-46　打开【更新模板】对话框操作

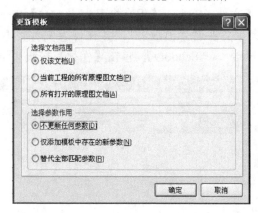

图 1-47　【更新模板】对话框

在图 1-47 中，选择模板应用范围，单击【确定】按钮，模板就被调用在"直流稳压电源.SchDoc"文件中。

六、绘制直流稳压电源电路原理图

电路原理图是各种元器件的连接图，绘制电路原理图就是在原理图中放置代表实际元件的电气符号，然后用具有电气特征的导线或网络标签将其连接起来。

元器件种类繁多，数量巨大，通常情况下按照生产商及类别功能的不同，将具有相同特性的原理图元件放在同一个原理图元件库中，并全部放在 Altium Designer 10 安装文件夹的 Library 文件夹中（:\Program Files\Altium\AD 10\Library）。

在绘制原理图时，应先分析原理图用到的元件所属的元件库，然后将其添加到 Altium Designer 10 的当前元件库列表中，这样绘制原理图时就可以调用这个库里的元件了。

1. 加载与卸载元件库

在原理图的绘制过程中，需要把与元件相对应的原理图符号放置到图纸上，而放置这些元件符号之前，必须首先将包含这些元件的元件库载入系统，这个过程就是元件库的加载。

系统已经默认安装载入了两个常用库：常用接插件库 Miscellaneous Connectors.IntLib、常用元件库 Miscellaneous Devices.IntLib。

（1）加载元件库

在工作区右侧单击【元件库（Libraries）】标签，就可以打开元件库面板，如图 1-48 所示。元件库的加载以添加"Altera Cyclone III.IntLib"为例。

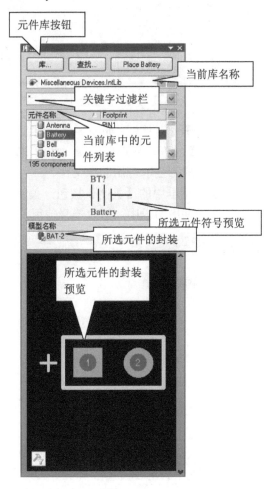

图 1-48　库面板

单击库文件面板中的【库…】按钮，或执行【设计（D）】→【添加/移除库（L）】菜单命令，都可弹出【可用库】对话框，如图 1-49 所示。

图 1-49 【可用库】对话框

单击【安装】按钮，系统弹出【打开】对话框，如图 1-50 所示。选择相应的库文件【Altera Cyclone III.IntLib】，然后单击【打开】按钮，所选中的库文件就出现在【可用库】对话框中，即把所需要的库文件添加到系统中，成为当前可用的库文件。

加载完毕后，单击【可用库】对话框中的【关闭】按钮，关闭该对话框，完成元件库的安装。所有加载的元件库都出现在元件库面板中，可以选择使用。

图 1-50 选择库文件

注意：库文件的默认路径为 E:\Program Files\Altium\AD 10\Library。

（2）元件库的卸载

如果载入元件库很多，就会占用较多的系统资源，影响机器运行速度，所以当不需要某个库，就应该将其从系统中移走，即元件库的卸载。

如果要卸载系统中不使用的元件库，可在【可用库】对话框选中要卸载的库文件，单击 删除(R) 按钮，即可将该元件库从当前系统中卸载。

2．放置元件

绘制原理图首先要把组成电路图的元件放置在图纸上，放置元件前要查找元件，要弄清楚它所在的库，经过分析，直流稳压电源原理图中的元器件主要分布在两个常用库中，详情见表 1-1。虽然这两个库已经默认为加载，但是如果在使用过程中移除了该库，就必须重新加载该元件库。

表 1-1 直流稳压电源原理图元件表

元件类型和编号	注释（原理图库中名称）	封　装	元 件 库	封 装 库
三端集成稳压块 U1（7805）	Voltage Regulator	TO-220-AB	Miscellaneous Devices.IntLib	Miscellaneous Devices.IntLib
二极管 VD1-VD4	Diode 1N4007	DIODE-0.4		
保险 Fuse	Fuse 1	PIN-W2/E2.8		
电解电容 C1、C4	Cap Pol2	RB7.6-15		
电容 C2、C3	Cap	RAD-0.2		
电阻 R1	Res2	AXIAL-0.4		
发光二极管 LED1	LED0	LED-0		
插座 JP1、JP2	Header 2	HDR1X2	Miscellaneous Connectors.IntLib	Miscellaneous Connectors.IntLib

在本任务中，我们以有取参数值的元件电容 C1、有型号的集成块 U1 以及插座 JP2 为例进行操作。对于同一个功能，常用的操作方式有三种，分别为执行菜单命令、按下快捷键和单击工具栏相应工具按钮，这三种方式产生的结果是一样的，实际应用中由设计者自行选取操作方式，本书重点讲述最方便、常用的操作方式。

1）放置电容 C1

（1）查找 C1

AD 系统提供了关键字过滤功能，可以帮助我们更快地查找元器件，查找时可以在关键字过滤栏中输入原理图元件名，如电容 C1 的原理图元件库中名称为 Cap Pol2，在关键字过滤栏中输入"Cap Pol2"或"cap*"（"*"为通配符，表示任意多个字符，也可不输入），就可以找到所有名称含有字符"cap"的原理图元件，如图 1-51 所示。

（2）放置 C1

① 移动及放大图纸。在进行原理图设计时，我们不仅要绘制电路图的各个组成元器件，还要把它们按照要求连接在一起。当电路比较复杂，需要放置多个元器件或者需要观察整个电路图时，就使用到缩放功能。

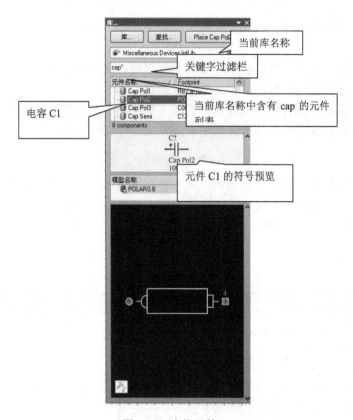

图 1-51　查找元件

放大或缩小图纸显示比例可以采用【Page Up】和【Page Down】键，前者按一次放大一次，后者按一次缩小一次，可以连续操作，并且可以在放置元件的状态下使用；放大和缩小还可以通过鼠标的滑轮来实现：滚动滑轮，向上为放大，向下为缩小。

此外，常用的键还有【End】和【Ctrl】+【Page Down】。

【End】：对图纸的显示进行刷新。

【Ctrl】+【Page Down】：这两个按键同时按下，会显示图纸上所有的元器件。

图纸位置的移动可以通过图纸边框处的滑块来实现，也可以按住鼠标右键不放，当光标变为手掌形状 🖑 ，移动鼠标即可相应地移动图纸。

② 放置 C1。AD 系统提供了两种放置元件的方法：一种是使用元件库面板，另一种是利用菜单命令，其中通过元件库面板放置操作简单，是常用的放置方法，以下主要讲述这种方法。

在图 1-51 中，已经找到了 C1 元件，双击鼠标左键或单击库文件面板中的 Place Cap Pol2 按钮，将光标移到图纸上，此时光标下带出电容 C1 的原理图符号，如图 1-52 所示，进入放置元件状态。在原理图编辑窗口内，随着鼠标移动，把元件移动到选定位置后，单击鼠标即可完成放置，同时又自动出现下一个相同电容放置状态，可以连续单击鼠标左键放置，也可以单击鼠标右键退出放置状态。

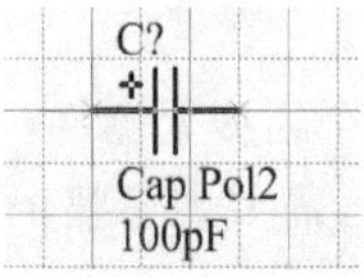

图 1-52　电容 C1

（3）设置元件属性

在放置元件状态下，按【Tab】键或者在放置元件后，双击该元件，都将会弹出【Properties for Schematic Component in sheet... （元件属性）】对话框，如图 1-53 所示，元件属性分为几个部分。

图 1-53　元件属性对话框

电容 C1 的属性参数为：标识符为 C1，即原理图中的元件编号，注释不可视，其值为 2200μF，封装为 RB7.6-15，其他参数采用默认设置，下面讲述 C1 的属性设置。

① 设置标识符与注释。本项设置在元件基本属性区域进行。

【Designator （标识符）】：用于显示和修改当前元件的标识符。在一个电路原理图中，每一个元件都有一个唯一的标识符，不同类型的元件采用不同的标识形式，常用"大写英文字符串+数字序号"的形式来表示，如电阻 R1、电容 C1 等。在这里将【C?】改为【C1】。

【Designator （标识符）】项右边的 ☑Visible （可视）复选框用来设定是否在原理图上显示元件标识，本原理图中"C1"显示，在这里需要将该复选框选中。

☐Locked （锁定）：用来防止元器件的标识符被意外修改，要使其有效，将其复选框选中即可，否则，锁定功能无效。

【Comment （注释）】：用于显示和修改元件注释，一般情况下表示元器件在元件库中的名称或者型号。如 74LS00、Cap Pol2、7805 等，"注释"项右边的【Visible】复选框用来设定是否在原理图上显示元件注释项。C1 的注释为"Cap Pol2"，不需要更改，但是在原理图中并未显示这一项参数，故此项的【Visible】复选框就不能选中。取消选中的方法是单击复选框，将"√"勾去掉，使其处于空白状态。

② 设置电容值参数。本项设置在【Parameters】元件扩展属性区域进行，电容 C1 的容量值（Value）为 2200μF，所以选择【Value】这一项，直接把数值修改为 2200μF，选择可见，如图 1-54 所示。

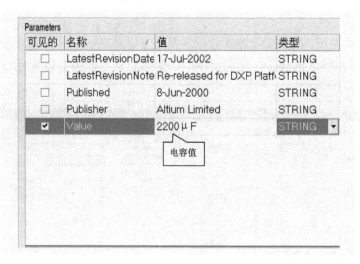

图 1-54 设置电容值

③ 设置封装。元件封装在"元件模型区域"进行设置，选择封装参数栏显示
POLAR0.8 ▼ Footprint Polarized Capacitor; 2 Leads ，系统默认为【POLAR0.8】，本任务要求设置为
【RB7.6-15】。

双击 Footprint ，打开【PCB 模型】对话框，如图 1-55 所示。

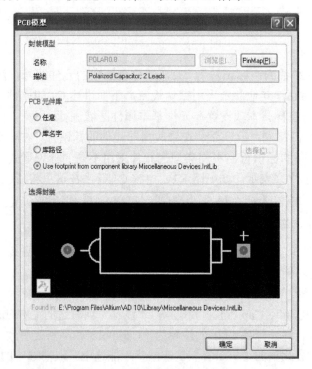

图 1-55 【PCB 模型】对话框

在【PCB 元件库】区域，选中"任意"单选按钮，然后在封装模型区域中单击【浏览】
按钮，如图 1-56 所示，打开【浏览库】对话框，如图 1-57 所示。

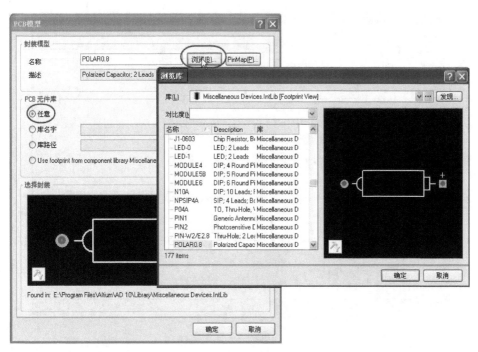

图 1-56 【浏览库】对话框

在【浏览库】对话框中，选中【Miscellaneous Devices.IntLib[Footprint View]】库，查找其封装【RB7.6-15】并选中，单击【确定】按钮退出封装设置。

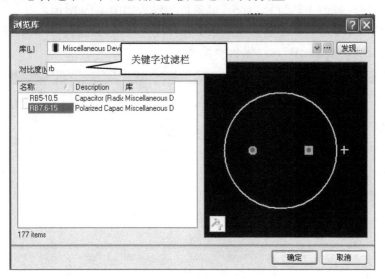

图 1-57 电容 C1 的封装参数设置

设置完成后，电容 C1 的属性对话框如图 1-58 所示，完成任务要求。分析电路图可知，电阻、电感类元件的属性都和电容属性类似，如本任务中的 C2、C3、C4 和 R1，可以仿照设置。

图 1-58　电容 C1 的属性设置

2）放置三端稳压集成块 U1

集成块 U1 的查找与 C1 相同，都在 Miscellaneous Devices.IntLib 库（常用库）中，要注意的是：U1 是型号为 7805 的三端稳压集成块，在查找时其关键字为 "Voltage Regulator"，而设置属性时需要将注释改为其型号 7805，其属性的设置如图 1-59 所示。

分析电路图，二极管、三极管、集成块类元件属性设置与之相似，如本任务中的二极管 VD1～VD4，发光二极管 LED1，可以仿照设置。

图 1-59　U1 的属性设置

3）放置插座 JP2

JP2 在 Miscellaneous Connectors.IntLib 库（接插件库中），查找时要注意库的选择，如图 1-60 所示。

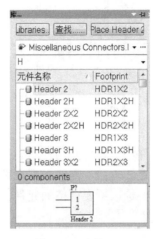

图 1-60 查找 JP2

JP2 的属性设置如图 1-61 所示。

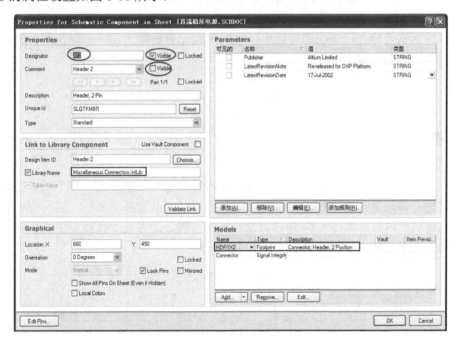

图 1-61 JP2 属性设置

用同样的方法将其他元件放置在图纸上，并将其属性参数正确设置，本任务中保险 F1、发光二极管的设置与之相似，可以仿照设置。

至此完成稳压电源元件放置，如图 1-62 所示。

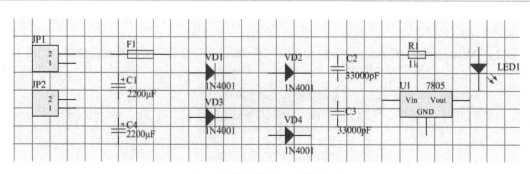

图 1-62　直流稳压电源所有元件

3. 调整元件布局

放置原理图元件时，每一个元件的位置都是估计的。而一张好的原理图应该布局均匀，连线清晰，模块分明，所以在进行连线之前，需要根据原理图的整体布局，对元件的方向和位置进行调整。在调整之前，首先要选取所要调整的元件。只有先将元件选中，然后才能对它们进行调整和编辑。

1）选取和取消选取元件

元件的选取有多种方法，本原理图比较简单，可以采取直接选取的方法。用鼠标直接选取单个元件或多个元件，是绘制原理图最方便、最适用的方法之一。

（1）选取元件

将光标移到该元件上，单击即可选中，这时所选元件周围出现一个绿色框，表示该元器件已经被选中，如图 1-63 所示。

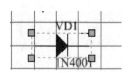

· 图 1-63　选取单个元件

如需一次选中多个元件，先将鼠标移到要选取元件的一个端点处，按下鼠标左键不放，出现十字光标，移动鼠标，光标下方会出现矩形虚线框，继续移动鼠标，当所有要选取的元件都包含在虚线框内时，如图 1-64 所示，松开鼠标左键，此时处于虚线框中的所有元件均处于选中状态，四个整流二极管都被选取。

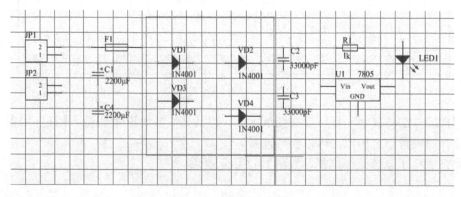

图 1-64　选取多个元件

如果一次无法选取所有对象，可以按着【Shift】键，光标指向要选取的元件，逐一单击鼠标，可以选中多个元件。

元件的选取实际上是为其他操作做好准备，选取元件后，就可以对其进行移动、旋转等调整，还可以进行删除、复制等编辑工作。

（2）取消元件选取状态

当选取多个元件完成调整、编辑工作后，可以单击图纸的空白处，即可以一次性取消单个元件或多个元件的选中状态。也可以按【Shift】键，光标移到已经选取的元件上，单击鼠标，可以取消该元件的选中状态。

2）移动元件

移动元件是把元件的位置移动到合适的位置，为原理图连线做准备，最好将元件的位置选择在网格上。

元件移动最常用的方法就是在选取需要移动的内容后，把鼠标放在上面，就会出现十字光标 ✛，按着鼠标左键不放，就可以将所选内容拖曳移动到合适的位置。

移动多个元件时，只需先选取多个元件，然后将光标移到处于选中状态的任何一个元件上，按照移动单个元件的方法，按下鼠标左键不放，移动鼠标即可同时移动多个元件。

3）旋转元件

在绘制原理图时，为了方便布线，有时需要对元件进行旋转，Altium Designer 10 提供了很方便的旋转操作。

（1）单个元件的旋转

单击需要旋转的元件并按住不放，会出现十字光标，此时，配合以下功能键就可以实现元件的旋转。

【空格键】：每按一次，被选中的元件将逆时针旋转 90°，可以连续操作。

【X】键：被选中的元件左右对调。

【Y】键：被选中的元件上下对调。

（2）多个元件的旋转

先选定要旋转的元件，然后单击其中任何一个元件并按住不放，再与上述功能键，即可完成元件的旋转，松开左键完成操作。

4）复制与粘贴元件

在该电路中，有相同性质的数个元器件：两个有极性的电容、两个无极性电容、两个接插件、四个整流二极管。相同性质的元器件，我们也可以利用复制和粘贴来进行多个相同元器件的放置，下面以二极管为例。

（1）复制元件

首先在原理图上选中一个二极管，按下【Ctrl】+【C】组合键或者执行【编辑（E）】→【复制（C）】命令，被选中的元件就会复制到剪贴板中，或者使用工具栏上的【复制】按钮 也能完成复制操作。

（2）粘贴元件

按下【Ctrl】+【V】组合键，或者执行【编辑（E）】→【粘贴（V）】命令，或者使用工具栏上的【粘贴】按钮 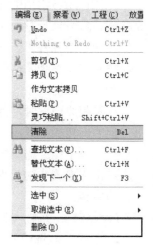，光标变为十字形，并带有粘贴元件的虚影，在确定位置上单击鼠标左键即可完成粘贴操作，粘贴可以重复使用四次，如图 1-65 所示。

图 1-65　粘贴二极管

5）删除元件

如果在放置元件时不小心，多放或者误放元件，就需要进行删除操作。

常用的最简单的删除方法是选中要删除的对象，按下【Delete】键，即可删除掉所选对象。另外，系统还提供了两种删除命令，在【编辑（E）】菜单中的【清除】和【删除（D）】命令，如图 1-66 所示。

【清除】命令是用来删除已选取的对象，执行【清除】命令前要选取对象，然后执行【清除】命令，选取对象立刻被删除。

【删除】命令可连续删除多个对象，且执行【删除】命令前不需要选取对象。执行该命令后，光标变为十字状，将光标指向所要删除的对象上，单击即可删除该对象；光标仍为十字状，如果需要，可以继续删除下一个对象。右击工作区或者按【Esc】键，可以退出该命令状态。

6）元件的对齐与分布

对齐也是常用的命令，它可以对元件进行多种特殊的排列操作，可以使得电路图更加美观，也方便连线，以电容 C1～C4 的摆放为例。

首先，选中要编辑的元件 C1～C4。

其次，执行【编辑（E）】→【对齐（G）】命令，弹出【对齐】菜单，如图 1-67 所示。

图 1-66　删除元件命令

【左对齐】：选定的元件与左边的元件对齐。

【右对齐】：选定的元件与右边的元件对齐。

【水平中心对齐】：选定的元件与最左边和最右边元件的中间位置对齐。

【水平分布】：选定的元件与最左边和最右边元件之间等距对齐。

【顶对齐】：选定的元件与最上面的元件对齐。

【底对齐】：选定的元件与最下面的元件对齐。

【垂直中心对齐】：选定的元件与最上面和最下面元件的中间位置对齐。

【垂直分布】：选定的元件与最上面和最下面元件之间等距对齐。

【对齐到栅格上】：对齐后，元件将被放到网格上。

以上的命令只能在一个方向上进行，对齐操作，如果需要水平与垂直两个方向上同时进行对齐，可以选择【对齐】命令，会弹出【排列对象】对话框，如图 1-68 所示。

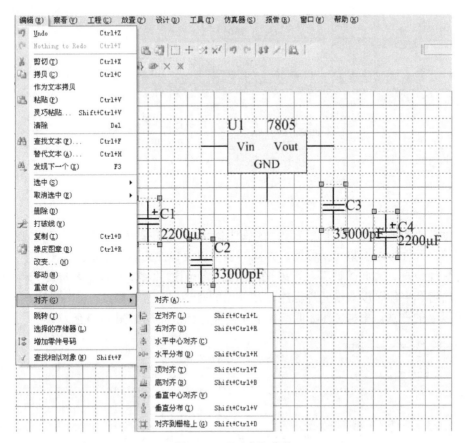

图 1-67 【对齐】菜单

图 1-68 【排列对象】对话框

本任务中需要调整一个方向就可以了，所以选择【顶对齐】、【底对齐】、【垂直中心对齐】三个命令中的任何一个来实现元件的对齐，对齐之后效果如图 1-69 所示。

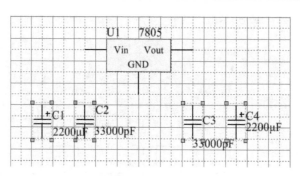

图 1-69　对齐效果（垂直中心对齐）

7）调整元件标注

元件标注不影响电路的正确性，为使电路图看起来更加整齐、美观，有时需要对元件标注加以调整。元件标注调整包括位置、方向的调整以及标注内容、字体的调整。

元件标注位置、方向的调整，可以采用前面刚介绍过的移动元件以及旋转元件的方法实现，标注内容和字体可以双击元件标注，在弹出的对话框中进行修改。

采用以上的方法，根据图 1-2 调整各个元器件，完成布局如图 1-70 所示。

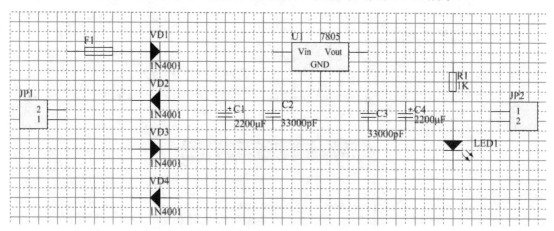

图 1-70　原理图布局示意图

4.　连接电路

将元件放置到图纸上以后，就要用具有电气特性的导线将孤立的元器件连接起来，构成实际连通的电路。这种连接具有电气意义的连接，即电气连接。电气连接有两种方式，一种是直接使用导线将各个元件连接起来，称为"物理连接"；另一种是通过设置网络标签使元器件之间具有电气连接关系，称为"逻辑连接"。

1）连接导线

下面以连接 JP1 的 2 号引脚与 F1 的 1 号引脚为例讲述连接导线的操作过程。

（1）执行【放置（P）】→【线（W）】命令，或者在【布线】工具栏中单击【放置导线】图标 ≈，处于带十字光标的放置状态，此时可以按下【Tab】键，弹出【线】对话框，如图 1-71 所示。

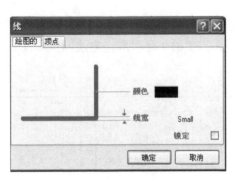

图 1-71　【线】对话框

【颜色】：单击颜色模块，可以在弹出的属性对话框中设置不同的颜色，一般不进行修改，采取默认。

【线宽】：导线宽度，系统提供了以下几种模式可供选择：【Smallest（最小）】、【Small（小）】、【Medium（中）】、【Large（大）】，一般采取默认即【Small】。

设置好后，单击【确定】按钮完成设置。

（2）将鼠标移到图纸上，会出现一个灰色的十字叉，如图 1-72 所示。

（3）将鼠标移到 JP1 的 2 号引脚附近，由于图纸中设置了自动搜索电气节点的功能，光标自动跳到 JP1 的 2 号引脚的电气节点上，此时灰色的十字叉会变成红色，表示导线已经与 JP1 的 2 号引脚相连，如图 1-73 所示。

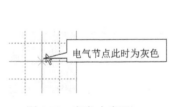

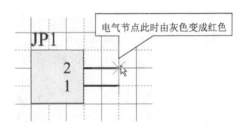

图 1-72　灰色十字叉

图 1-73　红色十字叉

（4）继续移动鼠标，就可以顺利地引出一段导线，如图 1-74 所示。

（5）移动鼠标到需要拐角的地方，单击鼠标左键，继续移动鼠标引出另一个方向的导线，如图 1-75 所示。

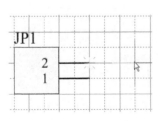

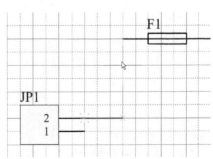

图 1-74　引出导线

图 1-75　导线的拐角转折

系统提供了 4 种导线模式：90°（相对于水平方向）、45°（相对于水平方向）、任意角度及自动布线模式。在画导线时，按住【Shift+Space】组合键可以循环切换到各种模式。

（6）连接导线的另外一端：F1 的 1 号引脚，方法同步骤（3），如图 1-76 所示。

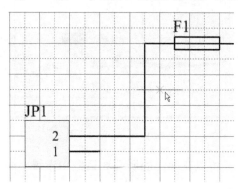

图 1-76　连接导线的另外一端

此时 JP1 与 F1 之间的导线就绘制完成了，光标就会自动脱离刚才的导线。移动鼠标，设置新的起点，可以绘制第二条导线。

如果绘制不连续的导线或者不想继续绘制导线，可以在绘制画完第一条导线后右键单击工作区或按【Esc】键，退出绘制导线状态。

2）放置电源接地符号

一个完整的电路，电源与接地都是不可或缺的组成部分，系统给出了多种电源和接地符号的形式，而且每种形式都有相应的网络标号。在采用 Altium Designer 10 进行电路设计时，通常将电源和接地统称为电源端口。

本次电路比较简单，只有一种接地符号⊥，图标已经表示它是接地，故在原理图上其网络名设置为不可见。

（1）放置接地符号

执行【放置（P）】→【电源端口（O）】命令，或者在【布线】工具栏中，单击【放置 GND 电源端口】图标 或【VCC 电源端口】图标 。光标变成十字形状，同时出现一个浮动电源符号，如图 1-77 所示。

将光标移动到欲放置电源端口的位置，光标处将出现红色的"×"形标记，单击鼠标左键即可完成一个电源端口的放置，如图 1-78 所示。整个电路只有一个接地符号，完成全部放置右击工作区或按【Esc】键，退出放置电源端口状态。

图 1-77　接地符号

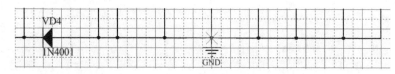

图 1-78　放置接地符号

（2）设置电源符号的属性

本次实例中接地符号参数要求：类型　Bar（T 形）；网络　GND（不显示）。

在放置电源端口状态下，按【Tab】键或在已放置的电源端口（接地）上双击，弹出【电源端口】对话框，如图 1-79 所示，可以设置颜色、位置及方向等属性。

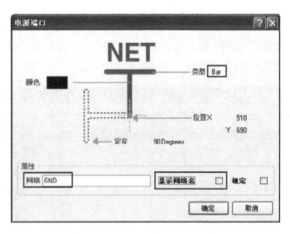

图 1-79 【电源端口】对话框

【类型】：用来设置电源和接地符号的形状，有以下 7 种：【Circle（圆形）】、【Arrow（箭形）】、【Bar（直线形）】、【Wave（波浪形）】、【Power Ground（电源地）】、【Signal Ground（信号地）】、【Earth Ground（接大地）】。

【网络】：该电源符号所在的网络名称或标号，确定其电气特性。如果不同电源符号的网络名相同，那么不管其符号风格是否相同，都认为它们属于同一网络，具有相同网络属性的导线在电气上是连接在一起的。

3）放置网络标签

本任务中 Vcc 为网络标签，不是电路板外接的电源，执行【放置（P）】→【网络标签（N）】

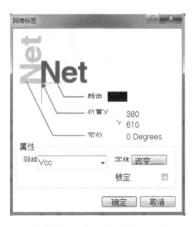

命令，或者单击常用工具栏中的【放置网络标签】工具 <u>Net</u>，进入放置网络标签状态，按下【Tab】键调出【网络标签】对话框，把网络名称设置为【Vcc】，如图 1-80 所示，放置在如图 1-2 中"Vcc"的位置上。

此时，整个原理图就基本绘制完毕，如图 1-2 所示。

七、原理图的查错与编译

正确的原理图是制作美观、可靠 PCB 板的前提和基础，所以原理图绘制完成以后，一定要检查原理图的连接是否正确，是否违反电气规则，确保无误。

Altium Designer 10 提供了原理图的电气检查功能，即根据用户的设置给出原理图中存在的错误信息，可以很方便地找到错误的地方，并加以修改。而且编译后系统会给出网络

图 1-80 【网络标签】对话框

信息，方便用户定位某个网络或元件。

检查原理图是否存在有电气特性不一致的情况。如元件重复标识、两个输出或输入引脚连接等，当进行检查时如果存在问题，系统会按照用户设置的电气检查规则及问题的严重性，以错误（Error）或警告（Warning）等形式来提示用户注意。

为了更好地观察编译的功能，在这里拖曳原理图中的接地符号，使其与电路分离。

（1）设置原理图电气检查规则。执行【工程（C）】→【工程参数（O）】命令，弹出【Options for PCB Project（工程参数选项）】对话框，如图 1-81 所示。

图 1-81 【Options for PCB Project】对话框

① 【Error Reporting（错误报告）】选项卡。

【Error Reporting】选项卡是用来设置电气检查规则。【障碍类型描述】是用来显示违反规则，【报告格式】是用来显示错误程度，单击需要修改的违反规则对应的【报告格式】，有【致命错误】、【错误】、【警告】、【不报告】四种选择错误程度。

【不报告】：不产生报告，表示连接正确。

【警告】：主要起提醒作用，警示用户要引起注意，根据具体的设计要求和实际情况决定是否修改或忽略。

【错误】：与原理图设计规则相违背的错误，如元器件序号重复等，此级别一定要进行修改。

【致命错误】：错误级别比【错误】更大，出现该错误可能导致严重的后果。

② 【Connection Matrix（电气连接矩阵）】选项卡

【Connection Matrix】选项卡是来设置连接矩阵，如图 1-82 所示，连接矩阵的设置作为电气规则检查的执行标准。单击要修改的方块，方块颜色会切换，表示方块所代表的错误类型在不同的错误程度间切换。错误报告类型用四种颜色表示，分别为：【No Report（不产生报告）】、【Warming（警告）】、【Error（错误）】、【Fatal Error（致命错误）】。

以上两个参数的选项，在这里均采用默认即可。如果一时不小心对规则进行了修改，可以单击 设置成安装缺省(D) 按钮，就可以恢复到默认的设置状态。

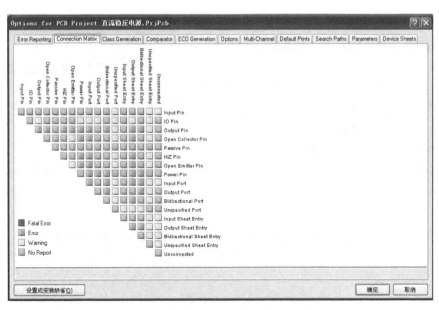

图 1-82 【Connection Matrix】选项卡

（2）编译工程。设置了电气检查规则后，然后就可以对原理图进行电气规则检查，检查原理图中是否有错误。

执行【工程（C）】→【Compile Document 直流稳压电源.SCHDOC】命令或者【Compile PCB Project 直流稳压电源.PrjPcb】命令，这两个命令都是编译差错命令，只不过是两者的对象不同，前者针对单个原理图，后者针对整个项目。当前本次实例工程内只有一张原理图，两者编译的结果是相同的。

（3）查看编译结果，并进行修改。如果电路中存在错误或者致命错误，那么系统会自动弹出【Messages】面板，即电气规则检查报告。如果无错，【Messages】面板不会自动弹出。但是编译后一定要打开【Messages】面板，因为面板内可能会有警告，如图 1-83 所示。打开【Messages】面板的方法是：单击页面右下角的 System ，在弹出的菜单中，选择 Messages 选项即可。

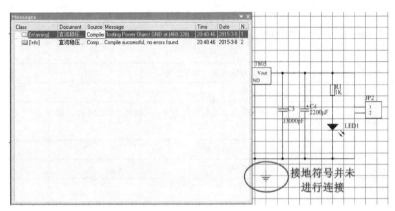

图 1-83 警告信息示意图

本次举例中所发现的这个警告实际上是个错误，要对原理图进行检查修改。双击显示的任意一条错误，弹出【Compile Errors】面板，如图 1-84 所示，单击对应的错误组件，系统就会将原理图编辑中心跳转到对应的位置并以大图高亮状态显示，以便用户修改。要撤销其高亮状态，鼠标单击工作区或者单击右下角的 清除 图标即可。

（4）修改完毕后，保存文件。重新编译直至无错，编译结果如图 1-85 所示。

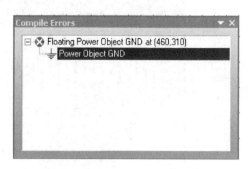

图 1-84　【Compile Errors】面板

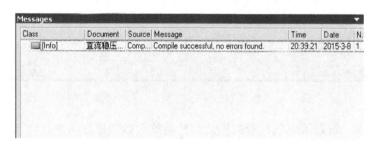

图 1-85　【Messages】面板（编译最终结果）

任务评价

绘制直流稳压电源原理图检测与评估表

编号	检测内容	分值	评分标准	学生自评	小组评价	教师评价
1	设计流程	5 分	能说出电子产品研发流程			
2	抄写单面 PCB 板	10 分	1 个元件错误扣 1 分，连接错 1 处扣 1 分，扣完为止			
3	创建工程项目及原理图文件	6 分	名称、文件类型、保存位置各 1 分，共 6 分			
4	原理图设计环境	13 分	图纸大小、方向、标题栏类型、图纸边缘色、背景色、字体类型、大小各 1 分，捕获栅格、可视网格、电气栅格各 2 分			
5	创建和调用模板	12 分	创建模板每格 2 分，调用 2 分			
6	绘制原理图	2 分	装载元件库			
		30 分	错误或缺少一个元器件扣 1 分，连线错一处扣 1 分，扣完为止			
		6 分	布局合理，结构紧凑			
7	编译原理图	6 分	编译无错 6 分			
8	团队协作，遵守纪律，安全操作	10 分				
	合计	100 分				
	经验与体会					

任务 2　设计直流稳压电源 PCB

任务分析

在上一任务中，电路原理图已经绘制完成，本任务就是按照元件的实际形状和电气连接关系，设计出能完成直流稳压电源功能的印制电路板。

请按要求在 10 节课内完成以下任务：

1. 创建 PCB 文件。

（1）在上一任务的 PCB 工程"直流稳压电源.PrjPCB"中，利用向导生成一个新的 PCB 文件，设置电路板尺寸为长 60mm×宽 40mm，两个信号层，0 个电源平层。

（2）把新建的 PCB 文件命名为"直流稳压电源.PcbDoc"。

2. 设置 PCB 工作环境。

为"直流稳压电源.PcbDoc"文件，进行如下设置：

（1）激活 3D 图形处理性能，其余采用系统默认设置。

（2）设置"捕获到目标热点"，捕获范围设置为 5mil。

（3）能熟练进行层的删除添加和切换操作。

3. 导入原理图信息到 PCB 文件。

（1）将原理图文件"直流稳压电源原理图.SchDoc"的信息同步到"直流稳压电源.PcbDoc"。

（2）用封装管理器查看封装，确保元件封装无误。

4. 元器件布局。

把元件按图 1-86 进行布局。

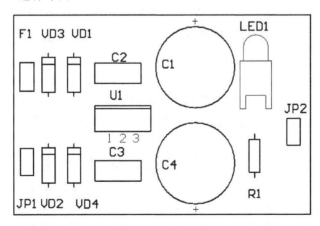

图 1-86　直流稳压电源布局图

5．布线规则设置。

（1）设置【安全距离（Clearance）】。最小安全间距设置为 0.6mm。

（2）设置"直流稳压电源"的布线规则为：信号线宽的最大值为 1mm，最小值为 0.3mm，优先值为 0.6mm；Vcc 的线宽为 1mm；地线 GND 的线宽为 1.5mm。

（3）设置地线 GND 优先级别最高，Vcc 次之，信号线最低。

（4）布线板层选择底层布线。

6．布线。

（1）按上述布线规则进行自动布线。

（2）新建一个 PCB 文件，再导入原理图，进行手工布线。

（3）利用 DRC（设计规则检查）对"直流稳压电源"布线的结果进行检查

7．查看"直流稳压电源" 3D PCB。

任务准备

安装有 Altium Designer 10 软件的计算机，绘制好的直流稳压电源原理图。

任务实施

一、创建空白 PCB 文件

将原理图的设计信息传递到 PCB 设计之前，需要创建一个空白的 PCB 文件，并对 PCB 电路板的轮廓、放置元件的边界和布线边界等进行定义。

1．利用向导创建空白 PCB 文件

在 Altium Designer 中创建一个新的 PCB 文件最简单方法是使用 PCB 向导，系统已经为用户提供了一些标准电路板的标准配置文件，并可以产生简单的 PCB 板外形，它可让设计者根据行业标准选择自己创建的 PCB 板的大小。在使用向导的任何阶段，设计者都可以利用【退回（B）】（Back）按钮来检查或修改以前页的内容。下面为"直流稳压电源电路"创建一个空白 PCB 文档。

（1）在编辑器窗口左侧的工作面板上，单击左下角的【Files】标签，如图 1-87 所示。在弹出的【Files】面板中单击【从模板新建文件（New From Template）】标题栏下的【PCB Board Wizard】选项，如图 1-88 所示。就可以启动 PCB 文件生成向导，弹出 PCB 向导界面，如图 1-89 所示。

（2）单击【下一步（N）】按钮继续，在弹出的【选择板单位】对话框中设置 PCB 采用的单位，如图 1-90 所示。这里有两种单位可以选择，英制的 mil，公制的 mm，可以根据需要进行选择，在此选择公制单位。

（3）单击【下一步（N）】按钮继续，在弹出的对话框中根据需要选择的 PCB 轮廓类型。这里选择【Custom】，自己定义板子的大小和类型，如图 1-91 所示。

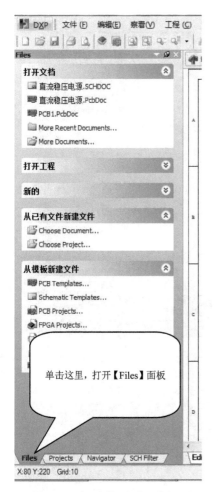

图 1-87　打开【Files】面板

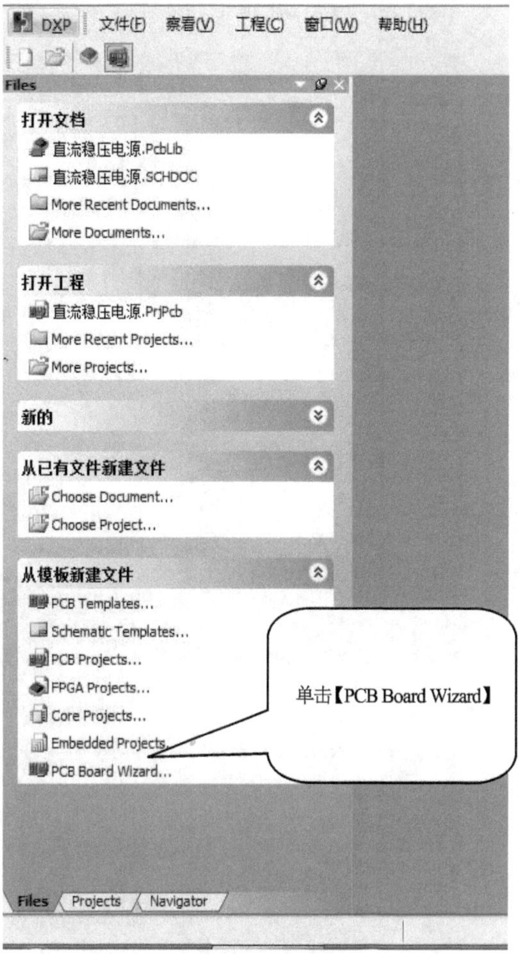

图 1-88　【PCB Board Wizard】选项

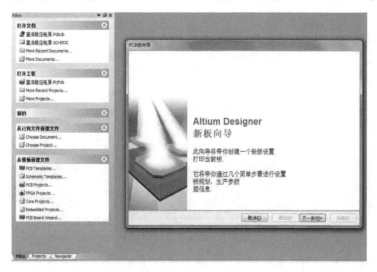

图 1-89　进入向导界面

图 1-90　选择尺寸单位

图 1-91　选择 PCB 板模型

（4）单击【下一步（N）】按钮继续，在弹出的对话框中根据需要进行 PCB 板尺寸的详细设置。这里选择矩形，尺寸设置为宽为 60mm，高为 40mm，如图 1-92 所示。

图 1-92　设置 PCB 板的外形及尺寸

（5）单击【下一步（N）】按钮继续，在弹出的对话框中设置 PCB 层数。本例中需要两个信号层（Signal Layers），不需要电源平面（Power Planes），所以将电源平面（Power Planes）下面的选择框改为 0，如图 1-93 所示。

图 1-93　设置 PCB 板层

（6）单击【下一步（N）】按钮继续，在弹出的对话框中设置 PCB 过孔类型，这里选中

【仅通孔的过孔（T）（Thruhole Via Only）】单选按钮，如图 1-94 所示。

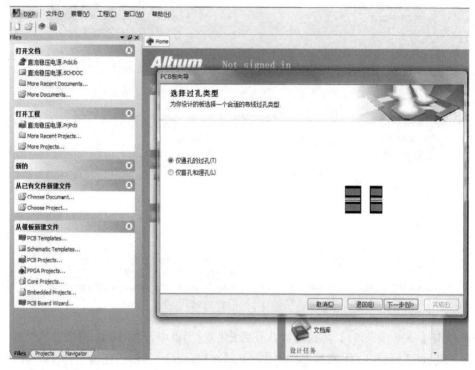

图 1-94 过孔的类型选择

（7）单击【下一步（N）】按钮继续，在弹出的对话框中选择元件以及导线的布线技术选项。这里选择【通孔元件（H）（Through-hole components）】单选按钮，将相邻焊盘（PAD）间的导线数设为一个轨迹（One Track），如图 1-95 所示。

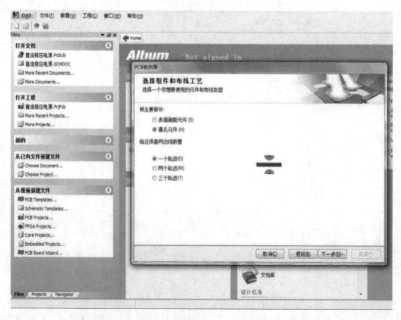

图 1-95 选择元件和导线布线

（8）单击【下一步（N）】按钮继续，在弹出的对话框中设置默认线和过孔的尺寸，设置线的宽度、焊盘的大小，焊盘孔的直径，导线之间的最小距离，这里不做修改使用默认值，如图 1-96 所示。

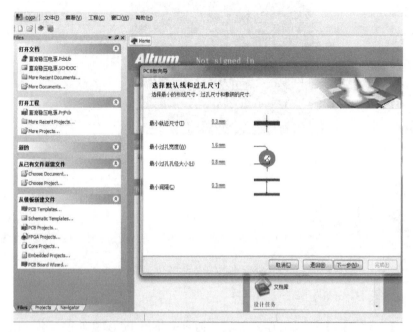

图 1-96　设置孔径尺寸和线宽

（9）单击【下一步（N）】按钮，出现完成对话框，如图 1-97 所示，单击【完成】按钮，PCB Board Wizard 已经收集完所有创建新 PCB 板所需的信息，进入 PCB 编辑环境，可以看到 PCB 编辑器内出现一个新的 PCB 文件，名为 PCB1.PcbDoc。PCB 文档显示的是一个空白的板子形状（带栅格的黑色区域），如图 1-98 所示。

图 1-97　创建完成

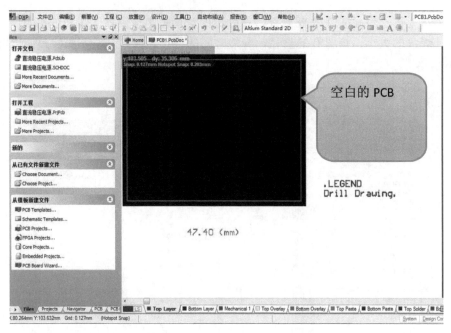

图 1-98　设置完成的 PCB 文件

2．保存并添加 PCB 文件到工程中

（1）选择【文件（F）】→【另存为（A）】命令来将新 PCB 文件重命名（用*.PcbDoc 扩展名）。选择设计者要把这个 PCB 文件保存的位置，在文件名栏里输入文件名"直流稳压电源.PcbDoc"并单击"保存"按钮。这里把它保存在直流电源项目文件夹下以备后用，如图 1-99 所示。注意：此时该 PCB 文件是自由文件，和直流稳压电源工程没有关联，如图 1-100 所示。

图 1-99　保存完成的空白 PCB 文件

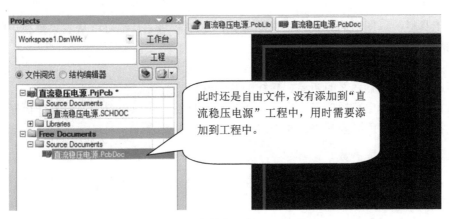

图 1-100 向导生成的 PCB 文件

（2）为了方便文件管理，要将该自由的 PCB 文件添加"直流稳压电源"工程里面，在工程上单击鼠标右键，在弹出的对话框中选择【添加现有文件到工程（A）】，找"直流稳压电源.PcbDoc"，将其添加到"直流稳压电源"工程中。设计者也可以直接将自由文件夹下的"直流稳压电源.PcbDoc"文件拖到"直流稳压电源"工程文件夹下，然后保存工程文件。

二、设置 PCB 环境参数

1．PCB 设计环境的介绍

打开 PCB 文件的同时，系统会自动进入 PCB 设计环境。PCB 设计环境主要由标题栏、菜单栏、标准工具栏、布线工具栏、工作面板、面板标签、工作区、状态栏和命令提示栏等组成，如图 1-101 所示。

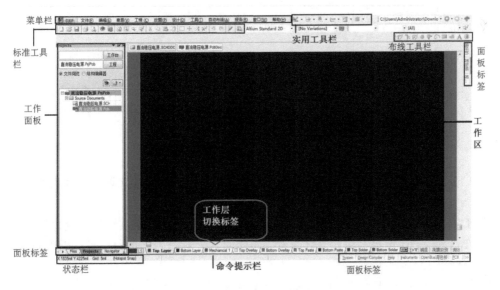

图 1-101 PCB 编辑环境介绍

菜单栏：PCB 编辑环境的主菜单与 SCH 环境的编辑菜单风格类似，不同的是提供了许多用于 PCB 编辑操作的命令。

常用工具栏：以图示的方式列出常用工具，这些常用工具都可以从主菜单栏中的下拉菜单里找到相应命令。

文件工作面板：显示当前所操作的工程文档和设计文档。

工作区：用于所有元件的布局和导线的布线操作。

层次标签：显示电路板的各个层次，单击层次标签，可以设置当前的操作板层，每层元件和走线都用不同颜色区分开来，便于对多层电路板进行设计。

2. 设置 PCB 环境参数

在开始元件布局和布线之前，应先对 PCB 编辑器的环境进行设置，涉及栅格、层以及设计规则等的相关设置

1）PCB 编辑环境参数设置

系统环境的设置是通过执行【工具（T）】→【优先选项（P）】命令来进行的，当执行命令后弹出【参数选择】对话框。与 PCB 系统环境相关的设置选项都放在【PCB Editor】文件夹选项下，展开之后可看到与 PCB 相关的 15 个属性设置，如图 1-102 所示。根据任务需要在此做如下设置，其他采用默认选项。

图 1-102 PCB 系统环境参数设定

（1）打开【PCB Editor】→【General】属性页面，在编辑选项区域，选中如图所示复选框。

【在线 DRC】：在布线过程中系统会根据设计规则进行错误检查，系统默认设置是选中的。

【Snap To Center】：设置移动元器件或者字符串时，光标是否自动移动到元器件或字符串参考点，默认选中。

【双击运行检查】：双击元器件或引脚，会弹出对话框显示元器件信息。

【移除复制品】：设置系统是否会自动删除重复的组件，默认选中。

【确认全局编译】：设置后在整体修改时，系统是否会显示整体修改结果提示对话框。

【保护锁定的对象】：选中该复选框，将不能对锁定的对象进行移动、删除等操作。

【单击清除选项】：设置通过单击任何位置来取消原来选择的对象，默认选中。

（2）选择【PCB Editor】→【Display】选项，在【Direct X】选项区域，选中【如果可能请使用 DirectX】复选框，这将激活 3D 图形处理性能。

2）PCB 的板参数设置

执行【设计（D）】→【板参数选项（O）】命令，就会弹出【板选项】对话框如图 1-103 所示。

图 1-103　【板选项】对话框

在此对话框中，可以设置度量单位、图纸位置、标识显示、布线工具路径和捕获选项等。

合理地设置捕获选项可以方便地对 PCB 工作区内的元件进行放置和对齐。现对各捕获选项意义简要说明如下。

【捕捉到线性向导】：光标能自动捕获手动放置的线性捕获参考线。

【捕捉到点向导】：光标自动捕获手动放置的捕获参考点。

【捕捉到栅格】：光标能自动捕获板上定义的网格。

【捕捉到目标轴】：在工作区域移动对象时，系统会在光标附近自动产生参考线，这个参考线是基于已放置对象相关的捕获点的。

【捕捉到目标热点】：用来切换光标是否能在它靠近所放置对象的热点时捕获该对象。如果选中此项还需设置捕获范围。

在此【捕获选项】设置为【捕捉到目标热点】，【范围】设置为【5mil】。

3. PCB 的板层管理

Altium Designer 10 提供了堆栈管理器（Layer Stack Manager）对各层属性进行管理，在堆栈管理器中用户可以定义层的结构以显示堆栈层的立体效果。

执行【设计（D）】→【层叠管理（K）】命令，弹出如图 1-104 所示的【层堆栈管理器】对话框。

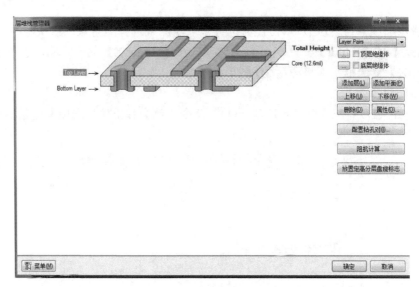

图 1-104　层堆栈管理器

（1）添加层

单击【添加层】按钮可以增加中间的信号层。单击【Top Layer】顶层，然后单击【添加层】按钮，可以增加第 1 个信号层，再单击一次【添加层】按钮可以增加第 2 个信号层，以此类推，共可以增加 32 个信号层。

单击【添加平面】按钮，可以增加内层电源/接地层，在增加内层电源接地层之前，需要先添加信号层。在层的名称处右键单击可以重命名、设置厚度、为中间层定义网络名。

添加绝缘层，PCB 增加新的层，绝缘层就会相应地自动添加。绝缘层可以是【Core】或者是【Prepreg】。

（2）对工作层的一些操作

属性设置：双击层的名称，可以修改层的属性，包括名称和物理属性

删除层：单击层的名称，再单击【删除（D）】按钮，或单击鼠标右键，从弹出的菜单中选择【Delete】命令。

修改层的顺序：单击层的名字，然后单击右侧的【上移（U）】或【下移（W）】按钮，或者单击鼠标右键，从弹出的菜单中选择【上移（Move Up）】或【下移（Move Down）】命令。

（3）设置钻孔属性

可以对钻孔的起始层和终止层等参数进行设置。默认情况下，钻孔从顶层贯穿到底层。如果 PCB 中有盲孔或过孔，就需要对它们进行设置。在层堆栈管理器中，单击【配置钻孔对（Drill Pairs）】按纽即可弹出对话框。

（4）电路板中的层

Altium Designer 10 提供的所有工作层：

【信号层（Signal Layer）】：建立电气信号连接层，可以放置走线、文字、敷铜等，Altium Designer 10 最大支持 32 个信号布线层，本任务图中仅显示了两个层：【底层（Bottom Layer）】和【顶层（Top Layer）】。

【机械层（Mechanical Layer）】：用于制版和装配所需要的重要信息等，Altium Designer 10 最大支持 32 个机械层，图中仅显示一个机械层。

【阻焊层（Mask Layer）】：是为了方便焊接而设立的，由软件自动生成。

【丝印层（Silkscreen Layer）】：用于放置一些元器件的外形轮廓和文字信息，元器件描述的相关信息和设计者、注释等，包括【顶层丝印层（Top Overlay）】和【底层丝印层（Bottom Overlay）】。

【禁止布线层（Keep-out Layer）】：用来定义元器件和导线放置的区域范围，它定义了电路板的电气边界，在自动布线的情况下，元器件和导线必须放置在禁止布线层划定的范围内。

（5）当前工作层的设定

在绘制 PCB 放置对象时，一定要考虑放置在哪一层上。在 PCB 工作区的底部，直接单击层次标签的名称，即可将该层设置为当前工作层，如图 1-105 所示。每层的名称前有色块，放在那一层上的所有对象都为相应的颜色。

按【*】键可以在所有信号层之间循环切换。

按【+】、【-】键可以在布线的前后信号层之间循环切换。

图 1-105　单击标签可设置当前工作层

三、导入原理图信息到 PCB 文件

PCB 文件创建规划之后，就可将原理图的信息导入到 PCB 文件中进行设计。在将原理图信息导入到新的 PCB 之前，要确保所有设计中被调用的元器件库均已加载，本任务只用到了默认的两个集成库，所有元件的封装已经包括在内了，但为了确保无误，还需进行封装检查。

1. 检查封装

检查封装可以在原理图编辑环境下通过封装管理器来进行检查，在"直流稳压电源原理图.SchDoc"中执行【工具（T）】→【封装管理器（G）】命令，弹出封装管理器如图 1-106 所示，从图 1-106 中可以查看所有元件的封装，如果有误，可直接双击封装名称进行修改。

Footprint Manager - [直流稳压电源.PrjPcb]

元件列表

Drag a column header here to group by that column

14 Components (0 Selected)

选择...	标识	评论	Current Foo...	设计项目ID	部件...	图纸名
	C1	Cap Pol2	RB7.6-15	Cap Pol2	1	直流稳压电源
	C2	Cap	RAD-0.2	Cap	1	直流稳压电源
	C3	Cap	RAD-0.2	Cap	1	直流稳压电源
	C4	Cap Pol2	RB7.6-15	Cap Pol2	1	直流稳压电源
	F1	Fuse 1	PIN-W2/E2.8	Fuse 1	1	直流稳压电源
	JP1	Header 2	HDR1X2	Header 2	1	直流稳压电源
	JP2	Header 2	HDR1X2	Header 2	1	直流稳压电源
	LED1	LED0	LED-0	LED0	1	直流稳压电源
	R1	Res2	AXIAL-0.4	Res2	1	直流稳压电源
	U1	7805	TO-220-AB	Volt Reg	1	直流稳压电源
	VD1	1N4001	DIODE-0.4	Diode 1N4001	1	直流稳压电源
	VD2	1N4001	DIODE-0.4	Diode 1N4001	1	直流稳压电源
	VD3	1N4001	DIODE-0.4	Diode 1N4001	1	直流稳压电源
	VD4	1N4001	DIODE-0.4	Diode 1N4001	1	直流稳压电源

图 1-106　封装管理器

2. 导入原理图信息到 PCB 文件

导入原理图信息到 PCB 文件的方法有两种，在电路原理图编辑器环境下执行【设计（D）】→【Update PCB Document filename.PcbDoc】命令导入；或在 PCB 编辑器环境下执行【设计（D）】→【Import Changes From filename.PrjPcb】命令导入。此处只讲述第一种操作方法。

（1）在电路原理图编辑环境下执行【设计（D）】→【Update PCB 直流稳压电路.PcbDoc】命令，如图 1-107 所示。执行之后，系统弹出如图 1-108 所示的【工程更改顺序（Engineering Change Order）】对话框。

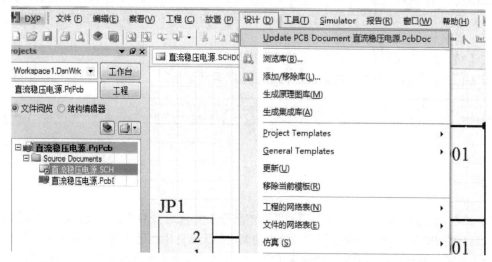

图 1-107 选择【Update PCB Document 直流稳压电路.PcbDoc】

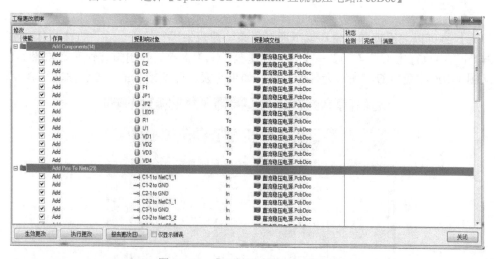

图 1-108 【工程更改顺序】对话框

（2）单击【生效更改（Validate Change）】按钮，系统会逐项检查提交有无违反规则的情况，并在【状态（Status）】栏的【检测（Check）】列中显示是否正确。其中"√"表示正确，"×"表示有错误，如图 1-109 所示。如果不正确，则需要返回电路原理图进行修改，再重新导入。

图 1-109 运行生效更改（Validate Change）检查后的结果

（3）单击【执行更改】按钮，将原理图电气设计信息导入到目标 PCB 编辑器中。单击【关闭】按钮，目标 PCB 文件被打开，进入 PCB 编辑环境，如图 1-110 所示。

此时可以看到装载的网络与元器件封装集中在一个名为"直流稳压电源"的 Room 空间内（Room 空间只是一个逻辑空间，用于将元器件进行分组放置，同一个 Room 空间内的所有元件可以看成一个整体被操作），放在 PCB 电气边界外。并且用预拉线显示网络和元器件封装图形之间的关系。预拉线（也称为飞线）只是在形式上指示出元件引脚之间的连接关系，没有实际的电气连接意义。

（4）为了后面布局操作的方便，执行【编辑（E）】→【删除（D）】命令，将光标移动Room 空间上，单击鼠标左键将空间删除。

如果要浏览 PCB 文件的全貌，可以使用【V+D】组合键（英文输入状态下）。

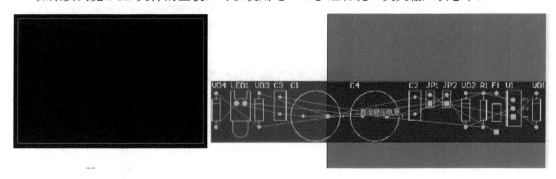

图 1-110 导入元件的封装信息

四、元器件布局

元件载入 PCB 编辑器后，需要对元件进行合理的摆放，也就是布局。元件布局可以采用系统提供的自动布局功能，然后手动调整，也可以直接手工布置元件。

本例所做单面直流稳压电源的元件布局如图 1-86 所示，在布局时主要考虑与原理图信号流程相适应，方便单面板的布线以及板子布局的美观性，这里不涉及电磁干扰等相关问题的考虑。

输入插座 JP1、输出插座 JP2 分别放在左边和右边表明信号方向，稳压块 U1 是整个电路的核心，所以放置在中间，方便连接输入输出，C1、C2 与 U1 的 1 脚相连，C3、C4 与 U1 的 3 脚相连，为了方便布线，考虑对称美观，所以放在 U1 的两侧，发光二极管 LED1 作为输出电源指示灯，放在靠近输出端 JP2 的位置。

1. 自动布局

选择【工具（T）】→【器件布局（L）】→【自动布局（A）】命令，如图 1-111 所示。执行后系统弹出如图 1-112 的对话框。

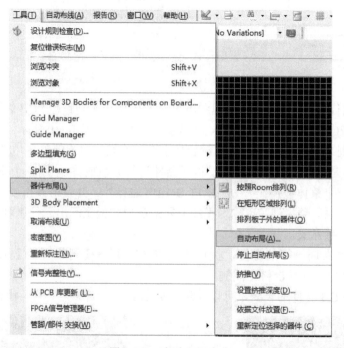

图 1-111　自动布局命令

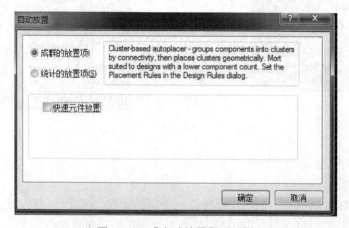

图 1-112　【自动放置】对话框

在【自动放置】对话框中提供了两种自动布局方式，其中【成群的放置项（Cluser Placer）】适合于元件数量较少的 PCB 设计，【统计的放置项 （Statistical Placer）】适合于元件数量较多的 PCB 设计。

因本任务元器件较少，选择【成群的放置项】自动布局方式，布局结果如图 1-113 所示，若不能满足任务要求，需要手工调整。

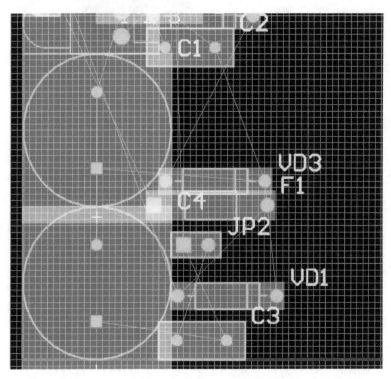

图 1-113 自动布局的结果

2. 手工调整元件布局

自动布局后的结果不太令人满意，还需要用手工布局的方法，重新调整元件的布局，使之在满足电气功能要求的同时，更加优化，更加美观。

手工调整元件布局，包括元件的选取、移动、旋转、对齐等操作。

（1）选取元件

和原理图选取元件操作方法类似，可以用鼠标或菜单两种方式来选取元件。

用鼠标单击选择对象：在工作区中直接单击某个对象，即可将其选中。按住【Shift】键的同时，在不同对象上单击，可以选中多个。

用鼠标框选多个对象：在工作区中按住鼠标左键进行拖动，画出一个矩形框，然后在合适位置松开鼠标左键，则矩形框内的对象都将被选中。

还可以使用菜单命令的方式，执行【编辑（E）】→【选中（S）】命令，弹出【选中】级联菜单，如图 1-114 所示，可以看到有许多种选择方式供采用。

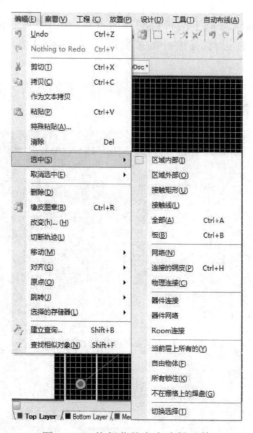

图 1-114 执行菜单命令选择元件

（2）释放选取对象

释放选取对象的方法可分为直接释放和利用菜单命令释放。直接释放的方法是用鼠标单击 PCB 空白处即可。利用菜单命令释放的方法是利用【编辑（Edit）】→【取消选中（Deselect）】级联菜单中的选项的方法释放选取对象，其功能与选取对象菜单命令完全相反。

（3）移动元件

移动元件的简单操作是拖动选中的元件到适合位置。另外也可选用菜单命令移动元件，执行【编辑（Edit）】→【移动（Move）】命令，再利用弹出的级联菜单中的选项即可。

当移动元件的时候，该元件上的所有飞线将随着一起移动，同时其他飞线将消失，同时飞线将会动态优化使其具有同一网络名的飞线路径最短。

（4）旋转元件

和原理图中旋转元件的方法类似，在拖动元件过程中，按【Space】键，每次旋转 90°，按【X】和【Y】键可进行水平和垂直方向的翻转。

如果需要进行任意角度的旋转，则需要通过执行菜单命令来进行，先选中需要旋转的元件，执行【编辑（E）】→【移动（M）】→【旋转选择（O）】命令，如图 1-115 所示，弹出如图 1-116 所示的对话框，输入要旋转的角度（逆时针为正），单击【确定】按钮，再单击鼠标确定旋转中心，完成旋转操作。

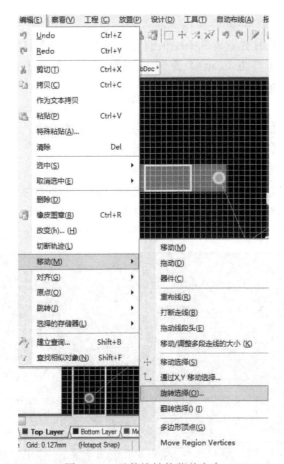

图 1-115 元件旋转的菜单命令

图 1-116 元件旋转角度对话框

（5）排列元件

为使布局后的电路板美观，需将元件排列整齐。其操作方法与原理图中排列操作类似。根据需要按住【Shift】键盘，逐一选择所要对齐排列的元件，或利用框选所需元件，然后根据需要执行【编辑（E）】→【对齐（G）】命令，再选择弹出的级联菜单中的选项。

也可以在选取元件后右击，在弹出的快捷菜单中执行【排列（A）】→【排列（A）】命令，弹出【排列对象】对话框，分别在水平和垂直方向对齐。

（6）调整元件标注

元件标注不影响电路的正确性，但为方便电路的安装调试，使电路板看起来更加整齐、美观，需要对元件标注加以调整。元件标注调整包括位置、方向的调整，以及标注内容、字体的调整。调整方法与原理图操作类似。

（7）剪切复制粘贴元件

简单粘贴复制可以采用主工具栏中提供的【剪切】、【复制】、【粘贴】工具实现，也可以利用【编辑（Edit）】→【剪切（Cut）】命令、【编辑（Edit）】→【复制（Copy）】命令、【编辑（Edit）】→【粘贴（Paste）】命令。

（8）删除元件

删除元件可以执行【编辑（Edit）】→【删除（Delete）】命令，然后单击要删除的元件。或先选取元件，再执行【编辑（Edit）】→【清除（Clear）】命令。

也可以直接选取要删的元件，再按【Delete】键。

经过上述操作手工调整后，直流稳压电源电路的 PCB 布局如图 1-117 所示，元件封装外形轮廓因为放置在顶层丝印层上，应为黄色。由于系统默认出现错误显示绿色，如果 PCB 中有元件外形或焊盘出现绿色，说明距离太近，需调整位置，直至变为黄色。

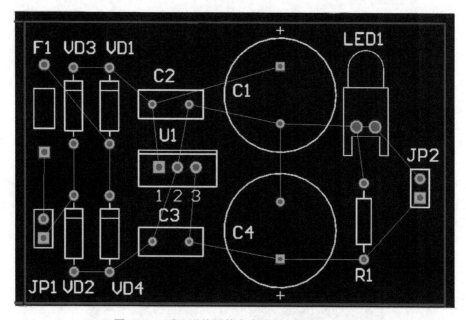

图 1-117　手工调整后的直流稳压电源 PCB 布局

五、设置布线规则

在电路板布局之后，接下来的工作就是电路板布线，布线就是在 PCB 中用铜箔导线把相互连通的电气网络连接起来。

由于 PCB 编辑器是一个规则驱动环境，在设计者设计的过程中，如放置导线、移动元件或者自动布线系统都会监测每个动作，并检查设计是否仍然完全符合设计规则，如果不符合，会立即警告，强调错误。合理进行参数设置是提高布线质量和成功率的关键，所以在布线之前，根据需要进行设计规则的设置。

PCB 设计规则：

在 PCB 编辑环境下执行【设计（D）】→【规则（R）】命令，出现如图 1-118 所示的【PCB规则及约束编辑器（PCB Rules and Constraints Editor）】对话框。

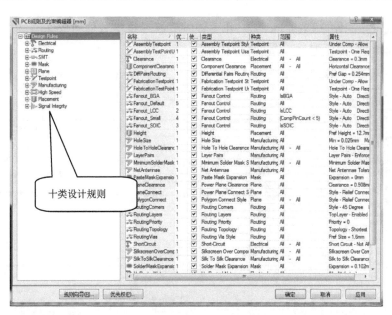

图 1-118 【PCB 规则及约束编辑器】对话框

从该对话框中可以看到有十大类设计规则，包括电气规则、布线相关规则、表面贴装元件相关规则、阻焊层规则、内层（电源层）相关规则、测试点规则、电路板制造相关规则、高速电路布线相关规则、元件布置规则及信号完整性规则。

用鼠标双击左侧一栏中的规则名称，在右侧框中展开显示相关的设计规则，可以对相关选项进行设置。下面结合要做的直流稳压电源 PCB 板，设置必要的各项设计规则。

（1）【电气规则（Electrical）】：用于设置在电路板布线过程中所遵循的电气方面的规则。

展开如图 1-119 所示的【PCB 规则及约束编辑器】对话框中【Design Rules】文件夹的下面的【电气（Electrical）】树形目录，有 4 个选项设置：

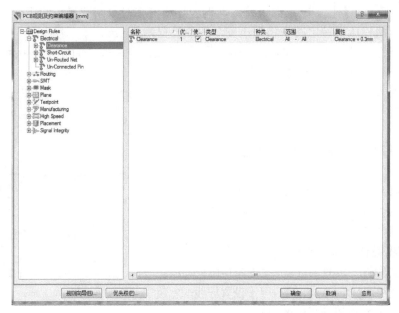

图 1-119 电气规则的选项

① 【布线安全间距（Clearance）】：用于设置铜膜导线与其他对象间的最小安全间距。展开【Clearance】选项，如图 1-120 所示。

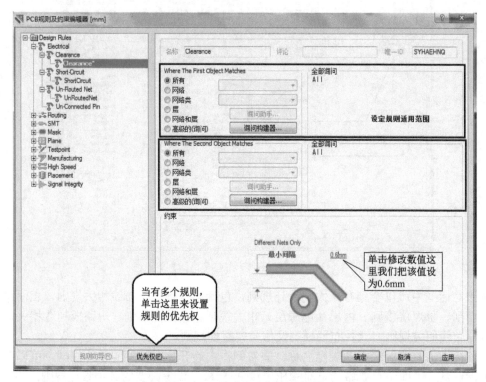

图 1-120　最小安全间距的设置

在【安全距离（Clearance）】设置右边的区域中，选择安全距离（Clearance）规则使用的范围【优先区域（Where The First）和第二区域（Where The Second）】，在【最小安全间距（Minimum Clearance）】栏中输入约束特性，铜膜导线与其对象间的最小间距。系统默认设置为 10mil。在直流稳压电源电路中将最小安全间距设置为 0.6mm。

② 【短路许可设计规则（Short-Circuit）】：用于设定电路板上的导线是否允许短路。本任务采取默认设置：不允许短路。

③ 【网络布线检查设计规则（Un-Routed Net）】：用于检查指定范围内的网络是否布线成功。如果网络中有布线不成功的，该网络上已经布的导线将保留，没有成功布线的将保持飞线。

用于设置检查未布线网络范围，默认设置为整个电路板。

④ 【元件引脚连接检查设计规则（Un-Connected Pin）】：用于检查指定范围内的元件封装的引脚是否连接成功。默认状态下此项无设置。

（2）【布线设计规则（Routing）】：用于设定与布线参数有关的规则，共分为 8 类，如图 1-121 所示。

① 【设置导线宽度（Width）】：用于设置导线的宽度范围、推荐的走线宽度以及适用的范围。

图 1-121　8 类布线规则

这是在PCB设计中非常重要的,需要设置的一项规则,下面来为要做的直流稳压电源PCB设置线宽。

a）设置信号线宽：首先将所有的信号线宽的最大值（Max Width）为1mm，最小值（Min Width）为0.3mm，优先值（Preferred Width）为0.6mm。注意必须在修改最小值（Min Width ）之前先设置最大值（Max Width），设置如图1-122所示，设置完成后单击【确定】按钮退出信号线宽设定。

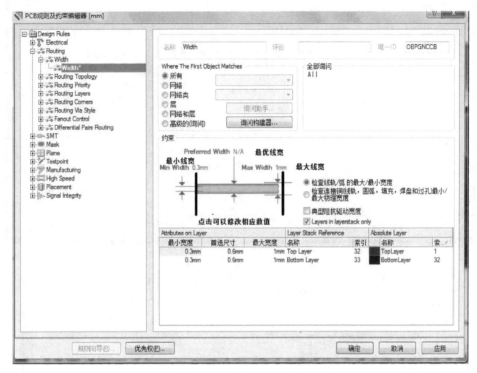

图 1-122　设置导线宽度

b）设置电源线宽：首先要添加一种线宽设计规则，用鼠标右键单击左栏中的【Width】选项，再单击【新建规则（New Rule）】选项，生成一个新的宽度设计规则 Width1。单击该设计规则，在弹出的对话框中可对其名称、适用范围、宽度进行修改。

在【Where The First Object Matches】栏选中【网络】单选按钮，在选择框内单击向下的箭头，选择【VCC】，表示这个线宽规则将适用于所有的电源线网络。如图1-123所示，在【约束】栏，将【最小线宽（Min Width）】、【推荐线宽（Preferred Width）】和【最大线宽（Max Width）】均改为【1mm】。设置完成后单击【确定】按钮退出电源线宽设定。

c）设置地线线宽：与设置电源 VCC 线宽步骤相同，再为地线添加一个线宽设计规则，设置地线宽度为【最小线宽（Min Width）】、【推荐线宽（Preferred Width）】和【最大线宽（Max Width）】均改为【1.5mm】，过程与电源线宽设置相同。如图1-124所示。

单击图1-124中的【优先权（P）】按钮，弹出图1-125所示的【编辑规则优先权】对话框，【优先级（Priority）】列的数字越小，优先级越高。可以按【减少优先权】按钮减少选中对象的优先级，按【增加优先权】按钮增加选中对象的优先级，图1-125中【Width-2】的优先级最高，【Width】的优先级最低。

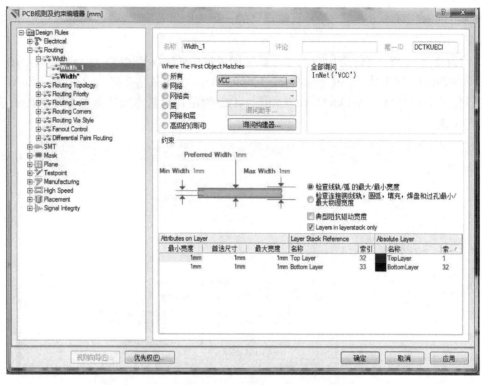

图 1-123 设置电源线宽

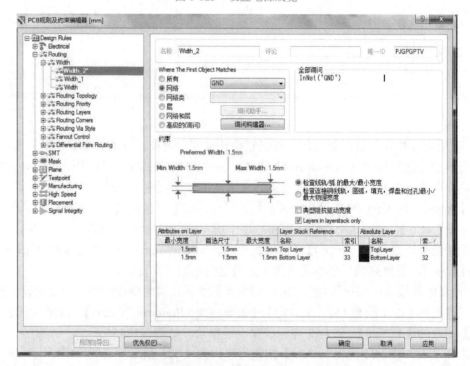

图 1-124 GND 线宽设置

图 1-125　设置线宽优先级

②【设置布线方式（Routing Topology）】：用于定义引脚到引脚之间的布线规则。打开布线方式，如图 1-126 所示，共含 7 种方式：

图 1-126　布线方式的设置

【Shortest】——连线最短（默认）方式是系统默认使用的拓扑规则。它的含义是生成一组飞线能够连通网络上的所有节点，并且使连线最短。

【Horizontal】——水平方向连线最短方式。它的含义是生成一组飞线能够连通网络上的所有节点，并且使连线在水平方向最短。

【Vertical】——垂直方向连线最短方式。它的含义是生成一组飞线能够连通网络上的所有节点，并且使连线在垂直方向最短。

【Daisy-Simple】——任意起点连线最短方式。该方式需要指定起点和终点，其含义是在起点和终点之间连通网络上的各个节点，并且使连线最短。

【Daisy-Mid Driven】——中心起点连线最短方式。其含义是以起点为中心向两边的终点连通网络上的各个节点，起点两边的中间节点数目不一定要相同，但要使连线最短。

【Daisy-Balanced】——平衡连线最短方式，其含义是将中间节点数平均分配成组，所有的组都连接在同一个起点上，起点间用串联的方法连接，并且使连线最短。

【Starburst】——中心放射连线最短方式，该方式是指网络中的每个节点都直接和起点相连接。

对于我们所要设计的直流稳压电源 PCB 板而言，布线方式设定为默认值。

③ 【设置布线次序（Routing Priority）】：用于设置布线的优先次序。

设置布线次序规则的添加、删除和规则使用范围的设置等操作方法与前述相似。

④ 【设置布线板层（Routing Layers）】：用于设置布线的板层。

布线层规则的添加、删除和规则的使用范围的设置等操作方法与前述规则设置相同，如图 1-127 所示，系统默认设置为两面板，【底层（Bottom Layer）】、【顶层（Top Layer）】都选中，即在顶层和底层都可以布线，由于要制作的直流稳压电源是单面板，只在底层布线，所以仅将【底层（Bottom Layer）】选中。

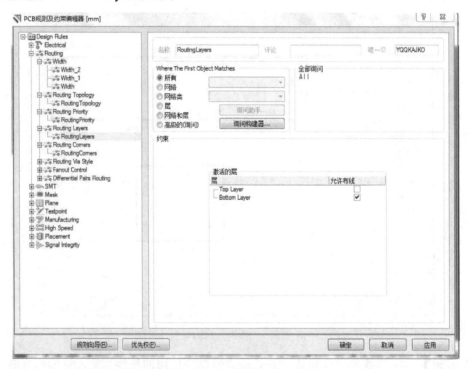

图 1-127　设置布线层

⑤ 【设置导线转角方式（Routing Corners）】：用于设置导线的转角方式。

系统提供 3 种转角形式，分别是【45 Degree（45°转角）】、【90 Degree（90°转角）】及【Rounded（圆转角）】。默认为【45 Degree】，如图 1-128 所示。对于我们所设计的稳压直流电源 PCB 板而言，设定为默认值。

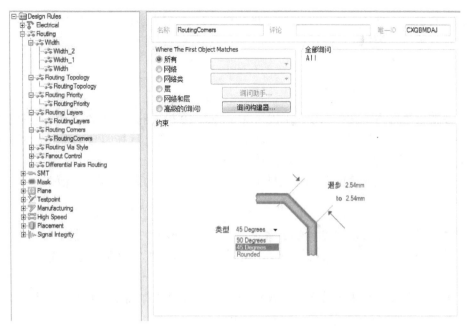

图 1-128 设置导线转角方式

⑥ 【设置导孔规格（Routing Via Style）】：用于设置布线中导孔的尺寸。
对于我们所设计的稳压直流电源 PCB 板而言，设定为默认，如图 1-129 所示。

图 1-129 设置导孔规格

上面仅介绍了在制作"直流稳压电源"PCB 板所涉及规则，其他还有 SMD 布线相关的设计规则、焊盘收缩量相关的设计规则（Mask）、测试点规则、电路板制造相关规则、高速电路布线相关规则、元件布置规则及信号完整性规则。这些规则在此暂不做介绍，其设置方式与上述设计规则设置类似。

六、布线

布线参数设置好后，就可以使用 Altium Designer 10 提供的自动布线器进行自动布线了。使用自动布线器，可以进行全局布线，也可以按网络、元件、区域等自动布线。下面结合直流稳压电源 PCB 的布线来了解各种自动布线方式。

打开前面所做的直流稳压电源的项目工程，在前面布局的基础上练习布线。

1. 自动布线

单击菜单栏中的【自动布线（A）】菜单项，弹出如图 1-130 所示的【自动布线】下拉式菜单，可以看到有很多种自动布线的命令，可以进行全部和指定对象进行布线。

（1）全部布线

执行【自动布线（A）】→【全部（A）】命令系统将弹出如图 1-131 所示的【自动布线设置】对话框。

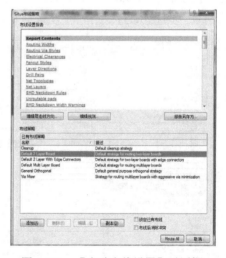

图 1-130　【自动布线】菜单　　　　图 1-131　【自动布线设置】对话框

单击【Route All】按钮，系统开始按照事先设定的规则对电路板进行自动布线。自动布线过程中系统会弹出一个布线信息框，提示自动布线的进程，用户可以了解布线的具体情况。

完成自动布线后，生成如图 1-132 所示的 PCB 图，因为是即时布线，所以布线效果多种多样，由图中可以看出，所有的线都是蓝色的，表示这些线布在底层，布在顶层的线都是红色的。因为所有的线都在底层，所以不同网络的线不能有交叉现象。

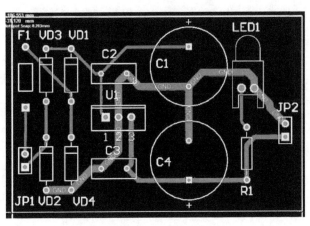

图 1-132　布线后的直流稳压电源

（2）取消布线

如果对布线不满意，可以执行【工具（T）】→【取消布线（U）】命令，然后再重新布线，如图 1-133 所示。

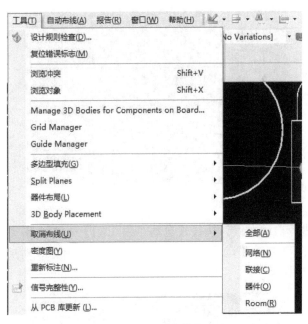

图 1-133　【取消布线】命令

（3）对指定对象自动布线

除了上述的对全部对象进行自动布线外，还可以根据需要对特定的对象进行自动布线，下面介绍几种常用的自动布线方式。

① 对选定网络布线。执行【自动布线（A）】→【网络（N）】命令，光标变成"十"字形状。移动光标，单击需要进行布线的网络预拉线，即可完成该网络的布线。单击鼠标右键或按【Esc】键取消布线状态。

例如，对直流稳压电源的"GND"网络单独布线，执行【自动布线（A）】→【网络（N）】

命令，光标变成"十"字形状，单击【GND】网络的预拉线，结果如图 1-134 所示。

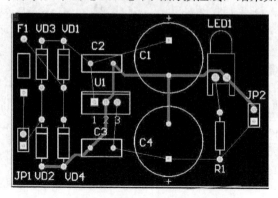

图 1-134　单独对【GND】网络布线

② 连接布线。执行【自动布线（A）】→【连接（C）】命令，光标变成"十"字形状。移动光标，单击需要进行布线的两个连接点间的预拉线，即完成该两个连接点间的布线，如图 1-135 所示。

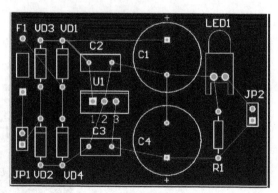

图 1-135　连接自动布线

③ 对选定区域进行自动布线。执行【自动布线（A）】→【区域（R）】命令，光标变成"十"字形状。按住鼠标左键，拖动鼠标确定一个矩形区域，则系统对矩形区域内的所有网络自动布线，如图 1-136 所示。

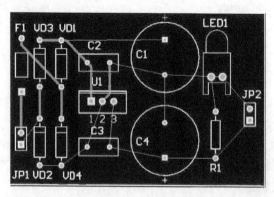

图 1-136　区域自动布线

④ 对选定元件进行自动布线。执行【自动布线（A）】→【元件（C）】命令，光标变成"十"字形状。移动光标，单击需要进行布线的元件，即可完成与该元件连接的所有网络的布线。

2. 手动布线

手动布线常用于较为简单的 PCB 设计，也适应于自动布线之后不合理之处的修改。对于本书中的电源电路就很适合采用手工布线方式。手动布线前应大致构想一下布线策略，可有效防止布线工作来回反复，并使布线完成后信号通道更加流畅，走线尽可能短一些。

现在以直流稳压电源电路单面板为例讲述其手动布线过程，由于采用单面板设计，所以整个操作过程都在底层（Bottom layer）进行。其具体步骤如下：

（1）在工程面板中右击"直流稳压电源.PcbDoc"，在弹出的快捷菜单中选择【保存为】选项，保存为另一个 PCB 文件"直流稳压电源 1.PcbDoc"，在其中进行手动布线操作。在布线之前，先执行【取消布线】命令，如图 1-133 所示，先把前面用【自动布线】命令所布的线全部拆掉。

（2）在 PCB 编辑环境下，按【Q】键，将单位换为公制。然后执行【设计（D）】→【规则（R）】命令，弹出【PCB 规则及约束编辑器（PCB Rules and Constraints Editor）】对话框。在 Routing 规则内把所有导线线宽设置为 1mm。

（3）单击 PCB 编辑器下面层标签的【bottom layer】，将图层转换到底层。

（4）执行【放置（P）】→【Interactive Routing】命令或单击【配线工具栏（Placement 工具栏）】中的 按钮，启动布线操作。此时光标变成"十"字形状，进入交互布线状态。

（5）将十字光标移至 JP1 的 2 脚，单击鼠标左键，移动鼠标至 F1 的 1 脚，单击鼠标确定，完成 JP1 的 2 脚与 F1 的 2 脚之间的布线（布线过程中可以按【Space】键，使导线在起点走线的方向在水平、垂直以及 45 度之间切换）。此时两脚之间的预拉线消失，而被一段蓝色导线代替。导线颜色为蓝色，说明在底层布线。

（6）用同样的方法完成其余的布线。在布线过程中，根据所设置的布线规则，系统会不停地分析 PCB 的连接情况，并随时阻止设计者进行错误的连接或跨越。

（7）至此，电源电路的布线工作就结束了，如图 1-137 所示。

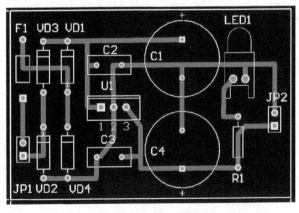

图 1-137　手工布线后的直流稳压电源电路板

3. 检查布线结果

在所有的布线完成以后可以通过 DRC（设计规则检查）对布线的结果进行检查，验证所布线的电路板是否符合设计规则。

（1）选择【设计（D）】→【板层颜色（L）】命令，确认【系统颜色】单元的【DRC Error Markers】选项旁的【Show】复选框被勾选，这样【DRC 错误标记（DRC Error Markers）】才会显示出来。如图 1-138 所示，系统默认的错误颜色为绿色，当检查到错误后，错误的地方用绿色表示。当然也可以根据需要在此处对颜色进行修改。

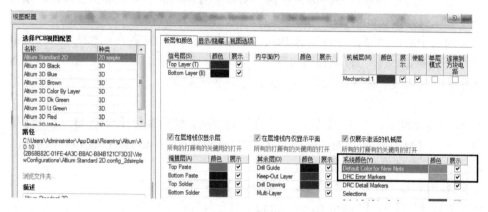

图 1-138 选中错误标记颜色

（2）然后执行【工具（T）】→【设计规则检查（D）】命令，弹出如图 1-139 所示的对话框，单击【运行 DRC（R）】按钮，即可进行检查，同时将弹出运行消息框，最后给出检测报告。

图 1-139 设计规则检测框

七、3D 模式观察 PCB

AD 软件提供了 3D 模式下观察 PCB 板的功能，设计者可以在设计过程中直观地看到自己设计的电路板的实际情况，当 PCB 布线完毕之后，就可以在 3D 模式下从任何角度观察电路板的形状。

1. PCB 板的 3D 显示

执行【察看（V）】→【切换到 3 维显示（3）】命令，即可把 PCB 编辑器切换到 3D 模式，如图 1-140 所示。

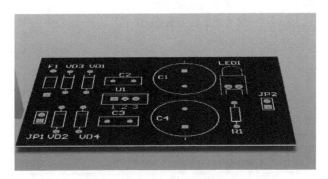

图 1-140　直流稳压电源 PCB 的 3D 显示

在 3D 模式下，需按以下操作方式来控制 3D 显示，否则会提示 "Action not available in3d view"。

平移：按鼠标滚轮可上下移动，【Shift】+鼠标滚轮可向左/右移动，向右拖动鼠标来向任何方向移动。

旋转：按住【Shift】键不放，再按鼠标右键，进入 3D 旋转模式

退出 3D 模式时需执行【察看（V）】→【切换到 2 维显示（2）】命令，即回到 2 维显示状态。

2. PCB 板 3D 实物图

AD 软件元件封装本身储存有 3D 模型，所以可以进行 3D 实物查看。

执行【工具（T）】→【Legacy Tools】→【3D 显示（3）】命令，即可看到 3D 实物图，如图 1-141 所示。

图 1-141　PCB 板 3D 实物图

任务评价

任务检测与评估表

编号	检测内容		分值	评分标准	学生自评	小组评价	教师评价
1	创建空白 PCB 文件并添加到项目中		12 分	PCB 文件位置、名称、类型、尺寸、层数等 6 项各 2 分			
2	PCB 环境设置		9 分	激活 3D 图形处理性能、设置捕获范围、熟练进行层的切换操作各 3 分			
3	将原理图信息导入 PCB 文件		5 分	将原理图信息正确导入 PCB 文件中			
4	元器件布局		28 分	按要求进行布局，1 个元件 2 分			
5	布线规则设置		14 分	7 个规则每个 2 分			
6	布线	自动布线	10 分	完成布线且没有错误			
		手工布线	10 分	完成布线且没有错误			
		检查布线	6 分	检查布线没有错误			
7	3D PCB		6 分	能进行 3D 查看			
	合计		100 分				
	经验与体会						

任务 3　手工制作简易 PCB 板

任务分析

PCB 设计完成后，需要进行实际电路板的制作。在此通过制作直流稳压电源的单面板，加强对 PCB 板的认识，初步了解印制板的制作过程。

要求在 6 节课内完成以下任务：

1. 打印 PCB 图纸

（1）设置纸张，把缩放比设置为 1，把颜色设置为单色。

（2）打印层数为底层、禁止布线层、多层，选中焊盘孔 Holes。

（3）打印。

2．热转印

（1）正确处理覆铜板。

（2）热转印。

3．腐蚀打孔

（1）腐蚀。

（2）打孔。

4．装配直流稳压电源

任务准备

安装有 Altium Designer 10 软件的计算机，设计好的电路图，激光打印机，热转印机、热转印纸、裁板工具、打磨抛光所需器材、腐蚀覆铜板的蚀刻剂，单面或双面覆铜板，稳压电源所需元器件，打孔所需设备。

任务实施

一、打印 PCB 图纸

首先要将设计好的印刷电路板图用激光打印机打印在热转印纸上，由于激光打印机用的墨粉是一种黑色耐热树脂微粒，受热 130～180℃时熔化，打印时就被硒鼓上感光后的静电图形吸附，消除静电后经高温熔化并转移于热转印纸上。由于热转印纸经过了高分子技术的特殊处理，它的表面覆盖了数层特殊材料的涂层，使热转印纸具有耐高温不粘连的特性。

1．设置纸张

执行【文件（F）】→【页面设置（U）】命令，即出现如图 1-142 所示的对话框。为了保证打印结果与实际相符，把缩放比例设置为 1，把颜色设置为单色。

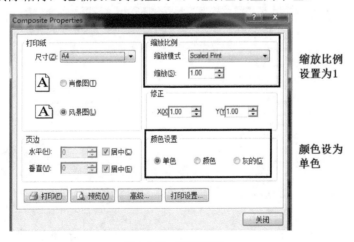

图 1-142　页面设置

2．设置打印层
（1）增加或删除层

在图 1-142 中，单击【高级】按钮，弹出如图 1-143 所示的 PCB 打印输出属性对话框。当前显示的层均为打印层。可以根据需要增加或删除打印的层。如果不需要打印某层，可以选中该层后右击，在弹出的快捷菜单中选择【Delete】选项，即可删除该层，如图 1-144 所示。

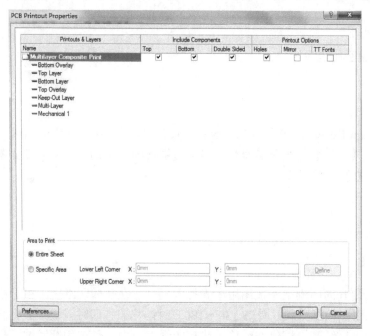

图 1-143　打印输出属性设置对话框

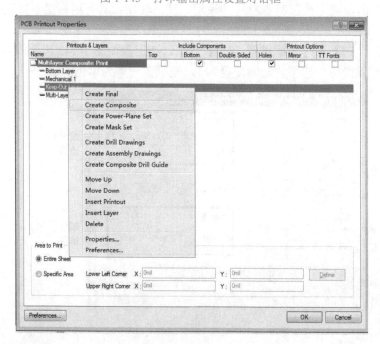

图 1-144　层设置菜单

　　如果需要打印的层未出现，则在图 1-144 中选择【Insert Layer】，弹出【层工具】对话框，如图 1-145 所示。单击【打印层类型（L）】下拉框，选择需要添加的层，然后单击【确定】按钮。

图 1-145　【层工具】对话框

（2）设置打印层

　　对于要制作的直流稳压电源这个单面板可按图 1-146 设置，设置完成后单击图 1-142 中的"预览"按钮可得到如图 1-147 所示的打印效果。

图 1-146　设置单面板

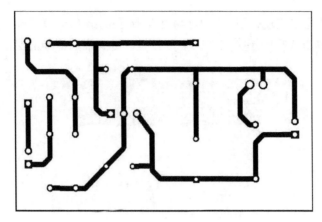

图 1-147　打印预览

（3）打印

在打印图层设置好后，执行【文件（F）】→【打印（P）】命令，打印所需图层。

二、热转印

将打印好图层的热转印纸覆盖在覆铜板上，通过热转印机，施加一定的温度和压力，再次融化的墨粉便完全附着在覆铜板上，冷却后形成牢固的耐腐蚀图形。

1. 处理覆铜板

因为覆铜板金属表面氧化物及油污，而 PCB 图里的线条很细，如果覆铜板上有杂物或油物会使图形转不上去或不牢固，因此要进行表面抛光处理。可先用水砂纸进行打磨，再用水清洗后烘干。

2. 热转印

热转印机可用过塑机代替，将热转印机温度调到 150～180℃，过纸速度调得慢些，将覆铜板放在热转印机上与它同时升温进行预热除去水分，预热温度不要太高，由 40～60℃即可。

将热转印纸的图形面贴在覆铜板的铜箔面，用透明胶布将转印纸与覆铜板贴牢，注意覆铜板不要与热转印纸有相对移动，以免图形模糊，如图 1-148 所示。

图 1-148　热转印

将有热转印纸的一面朝上送入热转印机，转印冷却后从一角缓缓揭开热转印纸，如果发现纸上面还有墨粉图形，再将其盖回重新转印一次，直到最后揭起后纸上墨粉完全吸附在覆铜板上，形成图形的保护层为止。

覆铜板冷却后从一角缓缓揭下热转印纸，仔细检查转印完成的覆铜板，图形如有断线、残缺等情况，使用油性碳素笔、油性记号笔或者指甲油、油漆等进行修补，注意不要弄脏覆铜板，多余的墨点和污染点用刀刮掉。热转印后的图形如图 1-149 所示。

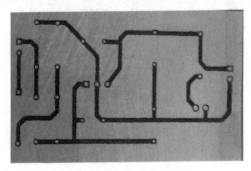

图 1-149　热转印后的图形

三、腐蚀打孔

1. 蚀刻

腐蚀剂可以使用三氯化铁，按 1：3 的比例配制三氯化铁水溶液，装入适当容器，将转印好的覆铜箔面向上浸入，轻轻晃动容器或搅动三氯化铁水溶液，搅动时不要碰到覆铜板上的图形，一般十几分钟即可腐蚀完成。

将蚀刻完之后的覆铜板放置在清水中清洗一下，然后烘干。

2. 打孔

蚀刻、清洗、烘干之后就可进行打孔，钻孔的时候应注意覆铜板一定要用手固定好，不能移动，否则钻头就会断。钻孔完后，用细砂纸把覆在线路板上的墨粉打磨掉，用清水把线路板清洗干净并烘干。转头采用 0.8mm 或者 1mm 均可，可根据需要换不同的钻头。打好孔的电路板如图 1-150 所示。

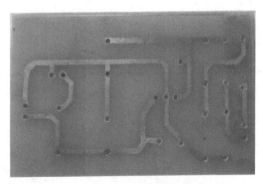

图 1-150　蚀刻打孔完毕的电路板

四、装配

在装配之前和防氧化需要在覆铜板上涂上助焊剂。助焊剂的配置是松香用无水酒精溶解的溶液即可，为加快松香凝固，可以采用烘干机或热风机加热线路板。把相应的元件安装上去，如图 1-151 所示，至此稳压直流电源电路制作完成。

图 1-151　装配好的稳压电源电路板

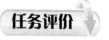

任务检测与评估表

编号	检测内容	分值	评分标准	学生自评	小组评价	教师评价
1	打印	20 分	纸张设置 2 项，打印层数 4 项各 2 分，打印 8 分			
2	热转印	20 分	覆铜板抛光表面光洁无污物 10 分 热转印 10 分			
4	腐蚀打孔	20 分	连线完整无残缺，共 10 分，孔径合适，共 10 分			
5	安装元件	30 分	元件安装合理，整洁有序，极性正确，焊点光洁无毛刺			
6	验证电路功能	10 分	通电测试，能实现稳压功能			
	合计	100 分				
	经验与体会					

　　本项目以设计制作直流稳压电源为例，共分为 3 个任务，在前两个任务中系统讲述了 PCB 设计的整个流程：创建工程和原理图文件→绘制原理图→创建 PCB 文件→导入原理图到 PCB 中→布局→布线，完成了 PCB 设计，最后一个任务中讲述了 PCB 板的简易制作，完整呈现了从原理图到产品实物的工作过程。

　　在进行绘制原理图和布局布线前，都要根据实际需要进行各种环境和规则的设置，熟练掌握这些设置方法，是完成 PCB 设计的重要保证。

项目 2

仿制声光控延时开关 PCB

模仿是初学者的一种有效学习方式，本项目仿制市场售卖电子产品声光控延时开关的设计，进一步熟悉电子线路 CAD 的设计流程，声光控延时开关如图 2-1 所示。

（a）声光控延时开关外壳　　　（b）声光控延时开关电路板

图 2-1　声光控延时开关

技能目标

学会创建集成库、原理图元件库、PCB 封装库文件。

会创建原理图元件。

会创建 PCB 元件封装。

会在原理图里调用自制元件及封装。

会手动规划电路板尺寸及边界

会仿制声光控延时开关 PCB。

能熟练地放置尺寸、坐标、原点、安装孔等。

知识目标

掌握集成库文件的创建方法。

掌握创建原理图元件、PCB 封装的过程和方法。

掌握调用自制元件的方法。

了解手动规划电路板的方法。

任务 1　绘制声光控延时开关电路原理图

任务分析

　　由上一个项目可知，在绘制原理图前，要确定电路中每个元件的原理图符号并为该元件选择合适的封装。但元件库中不可能含有所有元件的原理图符号及封装，所以需要对一些特殊元件或非标准元件创建原理图符号及封装。

　　请按要求在 14 节课内完成以下任务：

　　（1）创建工程"自制元器件库.LibPkg"，并在该工程下创建"声光控延时自制元件符号.SchLib"和"声光控延时自制封装库.PcbLib"。

　　（2）创建原理图元件及 PCB 元件封装（单位：mm，没有具体要求的按默认设置）。

　　① 创建光敏电阻的原理图元件及 PCB 元件封装，可采用编辑、修改已有原理图元件为自制原理图元件、自制 PCB 封装，如图 2-2 所示。

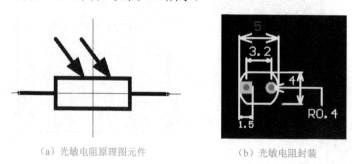

（a）光敏电阻原理图元件　　　　　　（b）光敏电阻封装

图 2-2　光敏电阻

　　② 创建驻极体话筒原理图元件及 PCB 元件封装，自制原理图元件，编辑、修改已有的 PCB 封装为自制 PCB 封装，如图 2-3 所示。

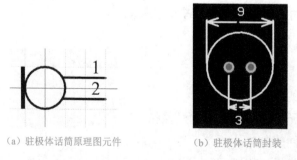

（a）驻极体话筒原理图元件　　　　　　（b）驻极体话筒封装

图 2-3　驻极体话筒

　　③ 创建 CD4011BE 原理图元件及 PCB 元件封装，创建含有部件的原理图元件，利用向导创建 PCB 封装，如图 2-4 所示。

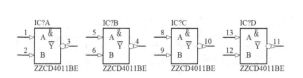

（a）CD4011BE 原理图元件　　　　　　　　　（b）CD4011BE 封装

图 2-4　CD4011BE

④ 创建灯泡原理图元件并添加封装 Pin2，如图 2-5 所示。

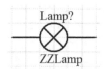

图 2-5　灯泡原理图元件

（3）编译集成库。

（4）绘制声光控延时开关电路原理图如图 2-6 所示，调用创建的原理图元件及 PCB 封装。

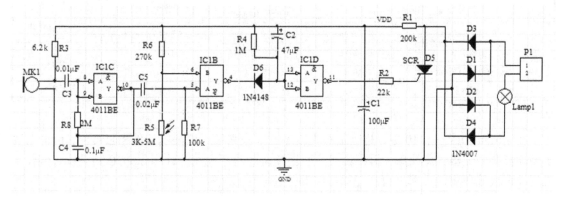

图 2-6　声光控延时开关电路原理图

（5）编译检查。

任务准备

安装有 Altium Designer 10 软件的计算机，声光控延时开关，测量工具。

任务实施

一、创建自制元器件集成库

1. 创建自制元器件库的必要性

由于电子技术的飞速发展，新的电子元器件不断涌现，元器件库中不可能包含所有元件，特别是新元件和非标准的元件，需要自己创建原理图元件和 PCB 元件封装。

对任务中的声光控延时开关电路的元件进行分析，分析结果如表 2-1 所示。

表 2-1　声光控延时开关元件分析

编号	元件类型和编号	注释（原理图库中名称）	元件库名	封装	封装库名
1	整流二极管 D1～D4	Diode 1N4007	Miscellaneous Devices.IntLib	DIODE-0.4	Miscellaneous Devices.IntLib
2	二极管 D6	Diode 1N4148		DO-35	
3	可控硅 D5	SCR		T0-92A	
4	电解电容 C1、C2	Cap　Pol1		CAPPR2-5x6.8	
5	瓷片电容 C3～C5	Cap		RAD-0.1	
6	电阻 R1～R7	Res2		AXIAL-0.3	
7	电源插座 P1	Header2	Miscellaneous Connectors.IntLib	Header2	Miscellaneous Connectors.IntLib
8	灯泡 Lamp1	ZZLamp	自制元器件库.IntLib	Pin2	自制元器件库.IntLib
9	集成块 IC1	ZZCD4011BE		ZZDIP14	
10	驻极体话筒 MK1	ZZMic		MIC	
11	光敏电阻 R8	ZZGMR		GMR	

在 Altium Designer 10 中，是以工程集成库的形式来管理原理图元件和封装的，因此首先要创建自制的元器件集成库，再在集成库中创建自制的原理图元件库和 PCB 封装库，制作完成后编译成元件集成库即"自制元器件库.IntLib"。

2. 创建自制元器件集成库

（1）创建自制元器件集成库

执行【文件（F）】→【新建（N）】→【工程(J)】→【集成库（I）】命令，如图 2-7 所示，Altium Designer 10 将自动创建一个【Integrated_Library1.LibPkg】的项目文件，如图 2-8 所示。

图 2-7 创建元件集成库

图 2-8 默认创建的集成库

（2）保存集成库

执行【文件（F）】→【保存工程（S）】命令或右击【Integrated_Library1.LibPkg】，在弹出的快捷菜单中选择【保存工程】命令，弹出如图 2-9 所示的对话框，命名项目文件并指定保存位置，保存工程文件为"自制元器件库.LibPkg"。

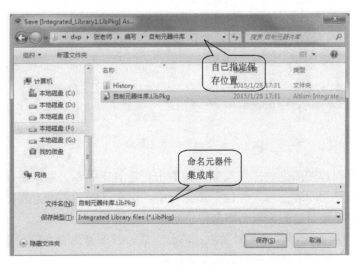

图 2-9 保存自制元器件库

3. 创建原理图元件库和 PCB 库文件

（1）创建原理图元件库

执行【文件（F）】→【新建（N）】→【库（L）】→【原理图库】命令，或右击集成库名称，在弹出的菜单中选择【给工程添加新的（N）】→【Schematic Library】命令，都会在工程文件下新建一个默认名为 Schlib1.Schlib 的原理图库文件，并自动进入原理图库编辑器。单击工作区面板中的【SCH Library】标签，出现元件库管理面板，【器件】列表栏下已经有了一个默认元件名为【Component_1】的元件，如图 2-10 所示。

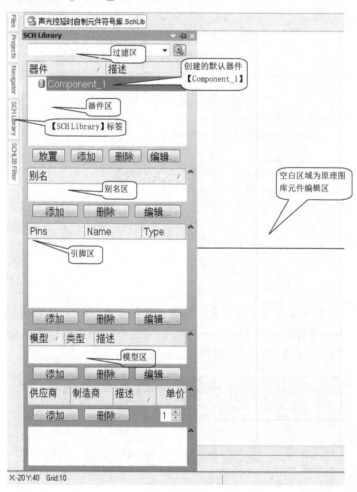

图 2-10　原理图库元器件编辑器

注意：在新建原理图库之前，用鼠标左键单击新建的集成库工程，使该工程文件处于选中状态，可确保新建的原理图库文件位于该工程中。这在已打开多个工程文件的情况下应特别注意，否则，可能使新建的原理图库文件位于其他工程中。

由图 2-10 可以看到元器件管理面板由几部分组成，各部分内容介绍如下：

器件区：用于对当前元器件库中的元件进行管理，可以对选中的元件进行放置到原理图、在库中添加一个新元件、删除所选中的元件、编辑所选中的元件等操作。

别名区：用于显示所选择的元件的别名，可以对选中元件的别名进行添加、删除、编辑等操作。

引脚区：用于显示所选中元件的引脚信息。

模型区：用于显示所选中元件的模型的信息，可以对选中元件进行添加、删除、编辑封装的操作。

（2）保存自制的原理图库

单击新建的原理图库名字，执行【文件（F）】→【保存（S）】菜单命令，或右击，在弹出的快捷菜单中选择【保存（S）】选项，即可弹出保存原理图库对话框，把新建的原理图库 Schlib1.Schlib 命名为"声光控延时自制元件符号.SchLib"并保存。

参照创建原理图库同样的方法创建 PCB 库 PcbLib1.PcbLib，保存为"声光控延时自制封装库.PcbLib"，创建完成后工程面板如图 2-11 所示。

图 2-11　创建完成的集成库

二、创建原理图元件及 PCB 封装

由表 2-1 可知，需要自己制作的元件符号为光敏电阻、驻极体话筒、灯泡和集成块 CD4011BE 共 4 个，还要为以上元件选择或制作合适的封装。

1. 创建光敏电阻

1）创建光敏电阻原理图符号

通常制作原理图元件符号有两种方法：一是复制元件库中已有的相似原理图元件，再编辑修改为新元件；二是直接利用绘图工具绘制原理图元件，在实际中根据需要制作的元件特点，灵活选择合适的方法。

（1）分析光敏电阻符号

制作之前先分析光敏电阻符号，图 2-12（a）所示为电阻符号，需要制作的光敏电阻符号如图 2-12（b）所示。由图可见元件库中已经有电阻的符号，虽然与实际光敏电阻之间存在一定差异，但是可以通过编辑修改电阻符号的方法来制作光敏电阻符号，即上述第二种制作方法。

采用编辑修改已有元件符号的制作方法中，如果直接在原元件库中编辑修改，可能破坏原元件库，影响以后使用，需要将原元件复制到自制元件库中，再进行编辑修改。

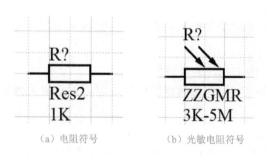

（a）电阻符号　　　　（b）光敏电阻符号

图 2-12　光敏电阻与普通电阻

（2）打开电阻所在的元件库

在 AD10 中，电阻的原理图符号位于【Miscellaneous Devices.Intlib】集成元件库中，打开该集成元件库，单击工具栏中的【打开文件】按钮 📂 或执行菜单【文件（F）】→【打开（O）】命令，在弹出的对话框中选择以下路径："*：\Altium\AD 10\Library\Miscellaneous Devices.Intlib"，如图 2-13 所示。

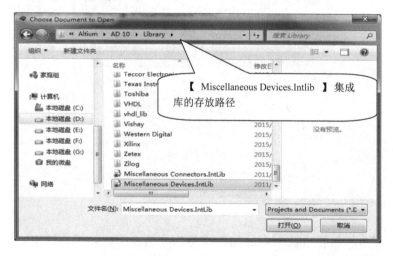

图 2-13　选择【Miscellaneous Devices.Intlib】集成库

单击【打开】按钮，弹出图 2-14 所示的对话框，单击【摘取源文件（E）】按钮，弹出图 2-15 所示对话框，单击【确定】按钮，弹出如图 2-16 所示的界面，打开工程【Miscellaneous Devices.LibPkg】。

图 2-14　【摘录源文件或安装文件】对话框

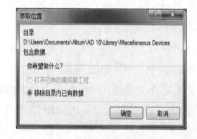

图 2-15　【萃取位置】对话框

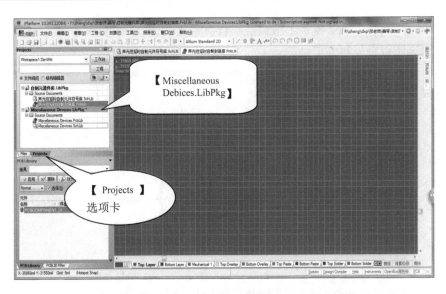

图 2-16　打开【Miscellaneous Devices.Intlib】集成库

双击【Miscellaneous Devices.LibPkg】工程下的【Miscellaneous Devices.SchLib】元件库，出现如图 2-17 所示的界面。

（3）复制电阻 Res2 原理图符号

单击左侧工作区面板中的【SCH　Library】标签，和在元件库查找元件一样，可以在 R[ ] 搜索栏里输入电阻的第一个字母 R，在【器件】列表中选择【Res2】器件，如图 2-18 所示。

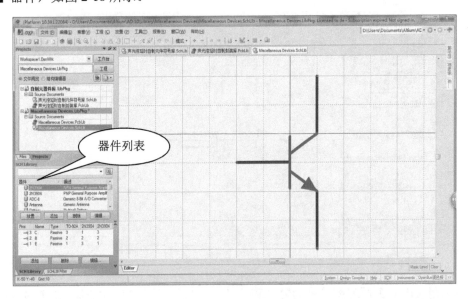

图 2-17　打开【Miscellaneous Devices.SchLib】元件库

在器件编辑区单击鼠标左键后按下【Ctrl+A】组合键或者执行菜单【编辑（E）】→【选中（S）】→【全部(A)】命令，或者直接拖动鼠标画框，都可以选中【Res2】原理图符号。

选中之后，单击工具栏中的【复制】按钮或执行菜单【编辑（E）】→【复制（C）】命令，把【Res2】原理图符号复制到剪贴板。

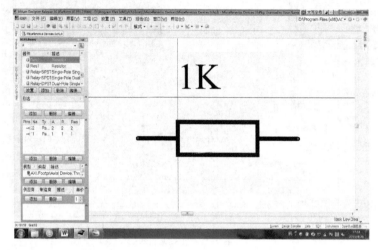

图 2-18　选择【Res2】电阻原理图符号

（4）粘贴原件到所创建元件库

切换到【Projects】标签，打开"声光控延时自制元件符号库.SchLib"，在原理图库编辑环境下，单击【粘贴】按钮，电阻【Res2】原理图符号出现在编辑区并随光标移动，在合适位置按下鼠标左键，把电阻符号放在编辑区指定位置，如图 2-19 所示，最好放在图纸正中间，便于之后的修改。

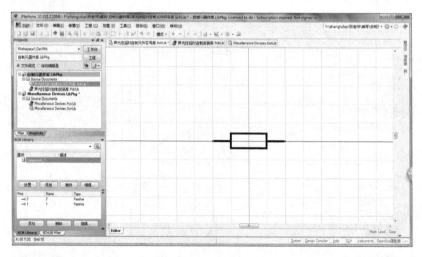

图 2-19　粘贴【Res2】电阻原理图符号

完成电阻【Res2】原理图符号的复制和粘贴后，最好及时将打开的原元件库关闭，如果关闭时出现是否保存修改对话框，注意在【Confirm】对话框中单击【No】按钮，不保存对原元件库的修改，以免破坏原元件库，如图 2-20 所示。

图 2-20　确认不保存修改对话框

（5）修改为光敏电阻原理图元件符号

由前面的分析可知，光敏电阻的元件符号只需在普通电阻上面加两段带箭头的直线就可以了，下面介绍修改的步骤。

① 设置捕捉栅格。在编辑修改之前，首先需要设置光标的移动步距。因为系统默认的捕捉栅格和可见栅格数值相同，鼠标一次移动至少一个栅格，而画图要求比较精细，需要一次只能移动半个栅格或更小的距离，所以要对捕捉栅格的大小进行设置。

执行菜单【工具（T）】→【文档选项（D）…】命令，弹出如图 2-21 所示的【库编辑器工作台】对话框，设置绘图时光标的移动的最小步距，如将【捕捉】栏设置为【1】（或其他值），【可见的栅格】设为【10】，即可以以 1/10 格为单位精确绘制较小的图形，单击【确定】按钮，完成栅格设置。

图 2-21　设置捕捉栅格

② 设置直线属性。选择实用工具栏中的"放置线"按钮或执行【放置（P）】→【线（L）】命令，此时进入直线放置状态，按下【Tab】键设置直线属性，如图 2-22 所示。设置【线宽】为【Small】，【线种类】为【Solid】，线颜色为默认色，【结束线外形】设为【SolidArrow（实心箭头）】。单击【确定】按钮，完成直线属性设置。

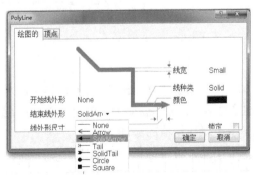

图 2-22　设置直线属性

③ 放置直线。完成直线设置后为电阻添加入射光线，单击鼠标左键，确定直线的第一个端点，移动光标（直线随着光标移动改变其倾斜方向）到第二个端点，单击鼠标左键，完成第一条入射光线的绘制，如图 2-23 所示，右击退出放置直线状态。

为了保证两条入射光线完全一致，可以选中第一条直线，使用菜单命令或者快捷键，进行复制、粘贴，再摆放到合适的位置，完成后的效果如图 2-24 所示。

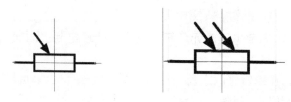

图 2-23　绘制第一条入射光线　　图 2-24　添加第二入射光线

（6）元件重命名

元件绘制完成后，单击【SCH Library】标签中"器件区"的【编辑】按钮，弹出如图 2-25 所示的对话框，下面对其进行设置。

① 设置元件在电路中显示的默认编号和库中的名称。可以在【Symbol Reference】栏中设置原理图元件库中的名称"ZZGMR"，而在【Default Designator】栏中设置元件的默认编号"R?"。

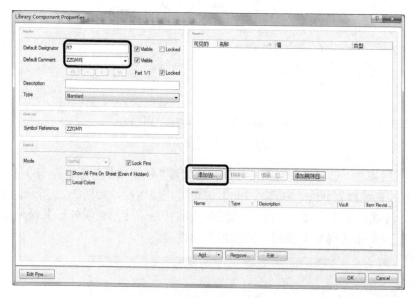

图 2-25　设置元器件属性

② 添加元件理论值。单击图 2-25 中【Parameters】标签下的【添加（A）…】按钮，弹出图 2-26 所示的【参数属性】对话框，在【名称】栏中输入"Value"，【值】栏中输入"3K-5M"，单击【确定】按钮，完成光敏电阻理论值的添加。

至此，创建光敏电阻原理图元件符号的任务就完成了。

图 2-26　添加光敏电阻的理论值

2）创建光敏电阻 PCB 封装

（1）测量光敏电阻封装参数

光敏电阻等传感类元件在封装库中没有合适的可用，需要自制，在制作光敏电阻的 PCB 引脚封装之前，必须首先获得光敏电阻的封装参数。常用的参数有引脚数目、排列顺序、粗细、间距、元件外形轮廓等，以上参数可以从网上或元件供应商处查阅获得，也可以自己测量得到，这里采用测量的方法获取其参数。

精确测量光敏电阻参数如图 2-27 所示。

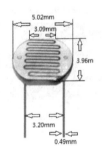

图 2-27　光敏电阻外形及封装参数

创建 PCB 元件引脚封装有三种方法：一是手工创建 PCB 元件封装；二是复制、编辑已有的 PCB 元件封装；三是利用向导创建 PCB 元件封装。实际工作中根据元件的特点选择合适、方便的创建方法。因光敏电阻外形不是规则形状，所以采用手工创建的方法进行。

（2）打开 PCB 库编辑器

左键单击工作区面板中的【Projects】标签，找到"自制元器件库.LibPkg"工程中的"声光控延时自制封装库.PcbLib"并单击，进入 PCB 封装库工作状态，再单击工作区面板中的【PCB Library】标签，弹出【PCB Library】工作区面板，可以看到在其中的"元件"名称下已经自动产生了一个名为"PCB COMPONENT_1"元件封装，同时打开了 PCB 封装编辑器。

（3）放置第 1 个焊盘

通过单击工作区下方的 PCB 操作层标签，把当前工作层切换到"Multi-Layer"复合层，执行【放置（P）】→【焊盘（P）】命令或者单击【工具焊盘】按钮 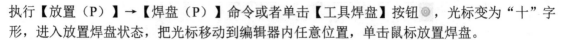，光标变为"十"字形，进入放置焊盘状态，把光标移动到编辑器内任意位置，单击鼠标放置焊盘。

（4）设置第 1 个焊盘属性

双击第 1 个焊盘，弹出焊盘属性对话框，如图 2-28 所示，下面来设置焊盘的各项属性。

① 设置焊盘位置。根据任务中的要求，光敏电阻的两个焊盘间距为 3.2 mm，在对话框中"位置"部分，修改【X】坐标为"-1.6mm"、【Y】坐标为 0，使其成为参考定位焊盘。因为在没有放置焊盘前设置的【X】坐标、【Y】坐标是无效的，所以必须先放置焊盘，再设置坐标。

② 设置焊孔尺寸。在该对话框中的"孔洞信息"部分，设置焊孔尺寸。本任务中因为光敏电阻的引脚直径为"0.49mm"，设置焊盘内孔即通孔尺寸为 0.8mm，留有 0.3mm 的余量，便于元件安装。

③ 设置焊盘序号。在"属性"部分，设置焊盘标识即序号。在放置焊盘过程中，必须注意焊盘的序号，它必须和原理图元件的引脚序号保持一致，否则在制作 PCB 时将发生元件引脚连线错误，或发生引脚连不上导线等严重错误。

④ 设置尺寸和外形。为便于定位和识别，在"尺寸和外形"部分，引脚 1 对应的焊盘一般设置为矩形，设置焊盘为矩形（Rectangular），【X】尺寸为"1.5mm"，【Y】尺寸为"1.5mm"。

各项设置如图 2-28 所示，设置完成后单击【确定】按钮。设置了焊盘坐标后，有可能在当前工作区中找不到，可以执行【察看（V）】→【适合所有对象（F）】命令，即显示出第 1 个焊盘，此时焊盘处于工作区中心且被放大，可以将光标放在焊盘中心，按【Page Down】键缩小显示比例。

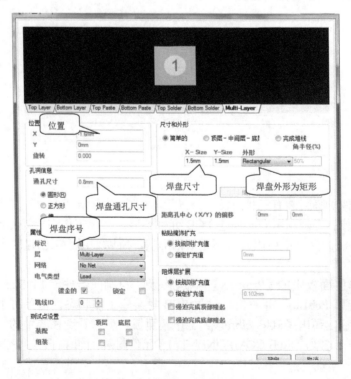

图 2-28　第一个焊盘属性设置

（5）放置第二个焊盘并设置属性

在靠近第一个焊盘的任意位置放置第二个焊盘，双击打开属性对话框，设置焊盘属性，如图 2-29 所示。

因为第 1 个焊盘的坐标已经设置为 X=- 1.6mm，Y=0mm，根据光敏电阻尺寸参数，两引脚间的距离为 3.20mm，所以第 2 个焊盘的坐标为 X=1.6mm，Y=0mm。其余参数仿照第一个焊盘的参数进行设置。

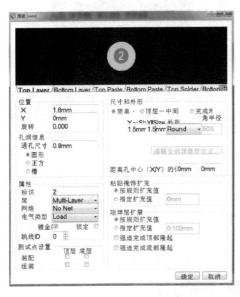

图 2-29　第二个焊盘属性设置

（6）绘制封装的外围边框

① 设置参考点。通过单击工作区下方的 PCB 操作层标签，把当前工作层切换到【Top Overlayer 顶层丝印层】，执行【编辑（E）】→【设置参考（F）】→【中心（C）】命令，使参考点位于两焊盘的中间位置。

② 绘制圆弧。执行【放置（P）】→【圆弧（中心）（A）】命令，或者使用放置工具中的从中心放置圆弧工具按钮，在焊盘左右两侧添加两段半径为 2.51mm 的对称的圆弧，圆弧属性参照如图 2-30 进行设置。

图 2-30　圆弧属性对话框

③ 绘制直线。使用绘制直线工具 ，在焊盘上下两端对称放置两段长为 3mm 的线段，调整圆弧大小使其与线段对称闭合，完成外围边框绘制后的封装效果如图 2-31 所示。

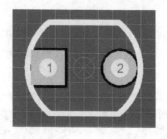

图 2-31　制作完成后的光敏电阻封装

（7）修改封装名称。

执行【工具（T）】→【元件属性（E）】命令，在弹出的对话框中，修改【名称】为"GMR"，如图 2-32 所示。

3）为自制光敏电阻添加自制封装

单击工作区面板标签【Projects】，打开工程面板，选中集成库中的"声光控延时自制元件符号.SchLib"文件，再单击工作区面板标签【Sch Library】，打开自制的原理图库工作区面板，如图 2-10 所示，选中光敏电阻"ZZGMR"，再单击【模型（Models）】区中的【添加（Add）】按钮，弹出如图 2-33 所示的【添加新模型】对话框，选择【Footprint】，单击【确定】按钮，弹出图 2-34 所示的【PCB 模型】对话框。

图 2-32　修改封装名称

图 2-33　【添加新模型】对话框

图 2-34　【PCB 模型】对话框

单击【Footprint model】标签下【Name】栏后的【浏览（B）…】按钮，弹出如图 2-35 所示的【浏览库】对话框。在【库（L）】栏，根据库文件的保存位置，选择【声光控延时自制封装库.PcbLib】，在【名称】栏下选择【GMR】，单击【确定】按钮即可。

完成添加封装后，可以双击【Sch Library】工作区【器件】区中的元件【ZZGMR】，查看光敏电阻属性对话框，如图 2-36 所示，可以看到在右下方的模型区中已经添加了封装"GMR"。

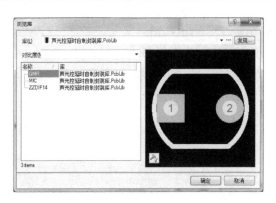

图 2-35 【浏览库】对话框

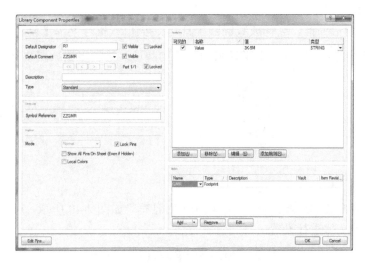

图 2-36 添加封装后的光敏电阻属性

2. 创建驻极体话筒原理图元件与 PCB 封装

1）创建驻极体话筒原理图元件

驻极体话筒，俗称麦克，在电子制作中应用广泛，原理图元件库中有其原理图符号，如果不满意，就可以自己设计制作更为合理的驻极体话筒原理图符号。下面将制作如图 2-37 所示驻极体话筒符号。

图 2-37 驻极体话筒符号

（1）添加新元件

打开集成库中的"声光控延时自制元件符号.SchLib"文件，再单击工作区面板标签【Sch Library】，打开原理图库工作区面板，如图 2-10 所示，单击"器件区"中的【添加】按钮，弹出新元件名称对话框，如图 2-38 所示，输入新元件名称"ZZMic"，表示自制的驻极体话筒。单击【确定】按钮，进入原理图库编辑器。

图 2-38　新元件命名对话框

（2）绘制符号外形

① 绘制空心圆形外框。选择放置椭圆工具 ⬭ 按钮(或执行菜单【放置（P）】→【椭圆（E）】命令，在图纸中心绘制一个半径大约为 5 的圆形，绘制步骤如图 2-39 所示。

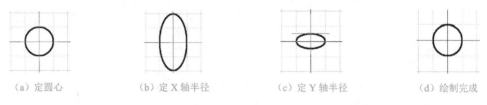

（a）定圆心　　　　　（b）定 X 轴半径　　　　　（c）定 Y 轴半径　　　　　（d）绘制完成

图 2-39　绘制圆的过程

放置完成后双击圆的边线，弹出【椭圆形】对话框，如图 2-40 所示，对圆的半径、线宽、位置、是否是拖拽实体进行设置。

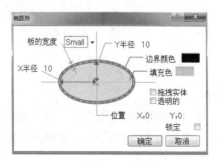

图 2-40　【椭圆形】对话框

② 绘制实心矩形框。圆形左侧的虽然看着是直线，但放置的直线宽度只有几种选择，都不能满足要求，所以选择放置矩形工具 ☐ 并设置长方形属性，如图 2-41 所示，在紧贴圆形框的左侧放置一个大小为 10 mil×2 mil 的实心矩形如图 2-42 所示。

③ 绘制直线。选择设置直线工具 ╱ 并设置其属性，如图 2-43 所示，完成驻极体话筒原理图元件绘制如图 2-44 所示。

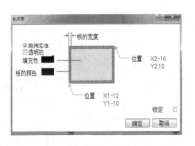

图 2-41 【长方形】对话框   图 2-42 添加矩形后的符号

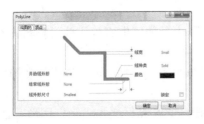

图 2-43 设置线属性   图 2-44 添加线后的符号

（3）添加元件引脚

元件都有引脚，引脚具有电气特性，如果没有引脚，元件在电路图中就无法进行连线。在上例光敏电阻制作中，因为是复制的普通电阻符号，已经带有引脚，所以不需要添加引脚。而在手工创建原理图元件时，元件外形绘制完成后就要专门添加引脚，执行【放置（P）】→【引脚（P）】命令，或者选择实用工具中的放置元件引脚工具 ，按下【Tab】键弹出属性对话框，如图 2-45 所示，元件引脚主要属性简述如下。

图 2-45 引脚属性设置对话框

【显示名字】：即引脚名称，一般以字母表示该引脚的名称，如用字母"VCC"表示该引脚接电源正极。本例中驻极体话筒引脚不需添加字母加以区分说明，所以可以只用数字 1 表示引脚 1，且去掉【可见的】复选框后面的对号使其在符号中不显示出来。

【标识】：即引脚序号，一般以数字表示实际元件的引脚号，且其后的【可见的】复选框可以选择是否在符号中显示。本例中标识为 1，且设置为不显示。引脚序号不可重复。

【电气类型】：即引脚电气特性，可以根据实际元件引脚在下拉列表框中进行设置。常用设置有【Input】输入、【I/O】双向、【Output】输出、【Open Collector】集成电路开路、【Power】接电源、【Passive】无源等，并在图纸中有相应的箭头表明信号方向。本例中电气特性选择【Passive】。

【符号】：设置引脚的各种附带符号，以表示数字电路等元件引脚的输入信号类型等。

【长度】：设置引脚的长度。

【隐藏】：如果是数字集成门电路的电源和接地引脚，可以选中该复选框将其隐藏起来，从而在图纸上不显示该引脚。

引脚属性设置好后，单击【确定】按钮，此时光标变为"十"字形，且在光标下带出引脚符号，如图 2-46 所示。可以单击鼠标左键放置该引脚，放置时注意引脚的方向，确保电气节点朝向元件外部，且必须保证与网格对齐，以便于原理图中对该引脚连线。

依据相同的方法放置引脚 2，完成后的效果如图 2-47 所示。

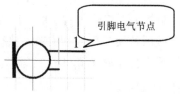 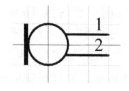

图 2-46　添加引脚 1 后的符号　　　　图 2-47　完成引脚添加的符号

（4）元件属性设置

元件绘制完成后，单击原理图库【Sch Library】工作面板中"器件区"中的【编辑】按钮，按图 2-48 完成驻极体话筒的元件属性设置。设置后单击【OK】按钮，完成元件重命名。

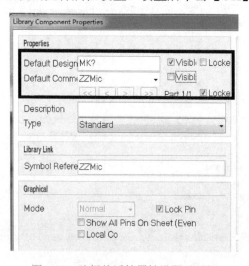

图 2-48　驻极体话筒属性设置对话框

2）驻极体话筒封装的制作

（1）测量元件

如图 2-49 所示驻极体话筒外形为圆柱形，经测量其半径为 9 mm，底部接引脚的两焊点中心间距大约为 3 mm，这和圆柱形的电解电容极为相似。因此可以通过修改有极性电容 RB5-10.5 的封装，来制作驻极体话筒的封装。

图 2-49　话筒外形及参数

（2）复制电解电容封装 RB5-10.5

和制作光敏电阻原理图符号时类似，打开 "Miscellaneous Devices. LibPkg" 集成元件库，双击 "Miscellaneous Devices.Pcblib"，单击【PCB Library】标签，在工作区面板下的【元件】列表中选中 "RB5-10.5"，如图 2-50 所示。

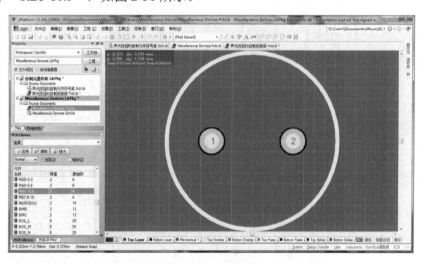

图 2-50　打开电容 RB5-10.5 封装图

和前面复制电阻元件符号相似，选取并复制封装 RB5-10.5。

（3）在自制元件库中粘贴原引脚封装

单击 "自制元器件库. LibPkg" 工程下的 "声光控延时自制封装库.PcbLib"，打开自制的封装库。

先新建一个 PCB 元件封装。执行【工具（T）】→【新的空元件（W）】命令，或在元件区右击，在弹出的快捷菜单中选择【新建空白元件】选项，即在封装库编辑面板【PCB Library】标签下的【元件】列表下新建了一个名【PCBCOMPONENT_1】的元件封装，如

图 2-51 所示。

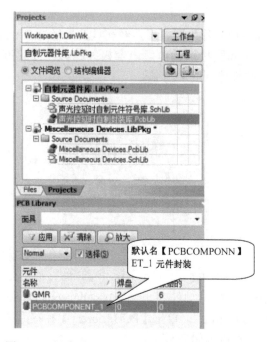

图 2-51 新建【PCBCOMPONENT_1】的元件封装

在图纸中心按下【Ctrl+V】组合键粘贴原电容的封装，如图 2-52 所示。

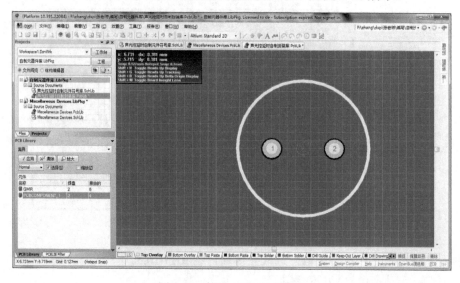

图 2-52 粘贴 RB5-10.5 封装

（4）修改为驻极体话筒的封装

① 确定 1 号焊盘的位置。由于驻极体话筒接引脚的两焊点距离为 3mm，且以原点为中心对称分布，所以鼠标左键双击 1 号焊盘，把 1 号焊盘的坐标改为（-1.5mm，0mm），如图 2-53 所示。

图 2-53　修改焊盘坐标

②　依据同样的方法将 2 号焊盘坐标修改为（1.5mm，0mm）。

③　修改外部圆形框的属性。驻极体话筒的外围半径为 4.5mm，双击圆形的外框，修改圆形半径如图 2-54 所示。

至此，就把电解电容的封装改为驻极体话筒的封装了。

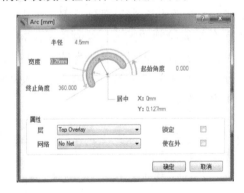

图 2-54　修改外部圆形框的属性

（5）修改封装名称

执行【工具（T）】→【元件属性（E）…】命令，在弹出的对话框中，修改封装名称为"MIC"，如图 2-55 所示。

图 2-55　PCB 库元件参数设置

3）为自制的驻极体话筒原理图元件添加 PCB 封装

仿照为光敏电阻添加自制封装的步骤，为"声光控延时自制元件符号.SchLib"中的驻极体话筒"ZZMic"添加封装，封装为"声光控延时自制封装库.PcbLib"中的自制封装"MIC"。

3. 创建 CD4011BE 原理图元件及 PCB 封装

1）创建 CD4011BE 原理图元件

（1）原理图元件符号简析

本任务中用到的集成元件 CD4011BE，其内部结构和引脚排列如图 2-56 所示。可以看到 CD4011BE 由 4 个结构完全相同的二输入与非门组成。

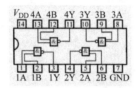

图 2-56　CD4011BE 内部结构和引脚排列

电路原理图主要表达电路的功能、信号流向及信号的处理过程，表达的重点不在于实际元件的引脚排列顺序以及集成电路的形状，为了更好地表示出电路的逻辑关系，因此对元件 CD4011BE 采用如图 2-57 所示分单元绘制的方法。绘制原理图时用到哪个单元就使用这个单元对应的原理图符号，各个单元对应的原理图符号称为该元件的部件（又称组件或子件），用字母 A、B、C、D 进行区分，如 Part A 表示第一个单元。下面以制作 CD4011BE 的原理图元件为例，介绍含有部件元件的制作过程。

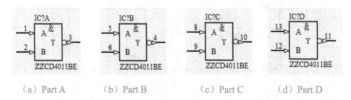

（a）Part A　　　（b）Part B　　　（c）Part C　　　（d）Part D

图 2-57　分单元制作 CD4011BE 原理图元件

（2）添加新元件

打开"声光控延时自制元件符号库.SchLib"，单击【SCH Library】面板中"器件区"中的【添加】按钮，弹出如图 2-58 所示的【新元件命名】对话框，输入新元件名称"ZZCD4011BE"，单击【确定】按钮完成添加。

（3）绘制第 1 个部件

利用前面介绍的方法绘制 CD4011BE 第一个部件 Part A，并放置三个引脚，如图 2-59 所示。

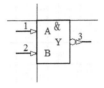

图 2-58　命名新元件　　　　　　　图 2-59　CD4011BE 第一个部件

（4）绘制第 2、3、4 个部件

绘制完第 1 个部件后，执行【工具（T）】→【新部件（W）】命令，如图 2-60 所示，元件库面板中将在"器件区"的"CD4011BE"之下添加第 2 个部件 Part B，如图 2-61 所示，元件名前出现 ⊟，表示这个元器件之中含有数个部件。

按照绘制 Part A 相同的方法，或者采用复制、修改 Part A 的方法，完成第 2 个部件 Part B 的绘制。

用同样的方法绘制第 3 个部件 Part C 和第 4 个部件 Part D。

图 2-60　添加新部件菜单　　　　　　图 2-61　新建第二个部件 Part B

（5）添加电源和接地引脚

打开任意一个部件，如图 2-62 所示放置两个引脚。双击引脚，打开引脚属性设置对话框，电源引脚设置如图 2-63 所示黑色框内：

【电气类型】选择【Power】，表示是电源引脚。

选中【隐藏】复选框，表示引脚 14 设置为隐藏，即在原理图中用户无法看到该引脚，也无法对它进行连线。

【连接到】后面输入【VDD】，表示生成 PCB 时会自动和电路中的 VDD 网络连接，所以在电路原理图中一定要把与 14 引脚相连的网络名称设置为"VDD"。

【端口数目】设置为【0】，说明这是一个特殊的部件，是对所有部件都通用的引脚。当任何一个部件被放置到原理图上时，编号为 0 的部件都会一同放置在原理图中。设置完成后，单击【确定】按钮，完成电源引脚设置。

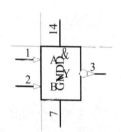

图 2-62　添加电源和地引脚

图 2-63　设置电源引脚 14

用同样的方法放置并设置接地引脚 7，如图 2-64 中的黑色框内部分。

因为电源和接地引脚都被设置为"隐藏"，所以在库中和原理图中是看不到这两个引脚的，如需查看，执行菜单【察看（V）】→【显示隐藏部件】命令，即可显示出被隐藏的引脚，如需再隐藏，只需执行菜单【察看（V）】→【撤销显示隐藏部件】命令即可。

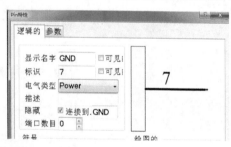

图 2-64　设置接地引脚 7 特性

2）创建 CD4011BE PCB 元件封装

CD4011BE 元件封装可以选用 "Miscellaneous Devices.IntLib" 封装库中的双列直插封装 DIP-14。对于 CD4011BE 这种外形和引脚排列规范的元件也可以利用向导创建其引脚封装。下面就以 CD4011BE 为例介绍利用向导创建 PCB 元件封装的具体步骤。

（1）确定 CD4011BE 引脚封装参数

查阅资料，确定常用的元件封装参数，有引脚数目、排列顺序、粗细、间距、元件外形轮廓等，如图 2-65 所示。

（2）跟随向导完成封装制作

① 启动向导。选中 "自制元器件库.LibPkg" 工程下的 "声光控延时自制封装库.PcbLib" 文件，进入 PCB 封装库编辑环境。执行菜单【工具（C）】→【元器件向导（T）】命令，如图 2-66 所示，弹出【PCB 器件向导】对话框，如图 2-67 所示，单击【下一步】按钮，弹出

如图 2-68 所示的新建 PCB 元件种类选择对话框。

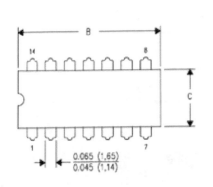

PINS **	14	16	18	20
DIM				
A	0.300 (7,62) BSC	0.300 (7,62) BSC	0.300 (7,62) BSC	0.300 (7,62) BSC
B MAX	0.785 (19,94)	.840 (21,34)	0.960 (24,38)	1.060 (26,92)
B MIN	—	—	—	—
C MAX	0.300 (7,62)	0.300 (7,62)	0.310 (7,87)	0.300 (7,62)
C MIN	0.245 (6,22)	0.245 (6,22)	0.220 (5,59)	0.245 (6,22)

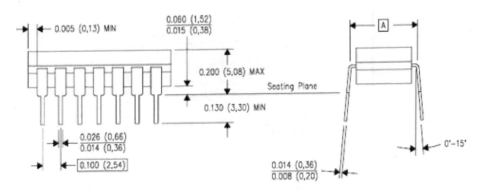

图 2-65　CD4011BE 资料图

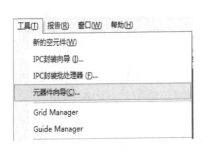

图 2-66　启动元器件向导　　　　图 2-67　【PCB 器件向导】对话框

　　② 选择封装种类和尺寸单位。在如图 2-68 所示的对话框中，看到有较多的封装种类，如常见的电容（Capacitors）、二极管（Diodes），电阻（Resistors）等，本例中选【Dual in-line Package（DIP）】双列直插封装，在尺寸单位栏中选择【Metric（mm）】。单击【下一步】按钮，弹出如图 2-69 所示的焊盘参数设置对话框。

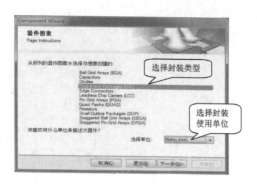

图 2-68　选择封装类型和单位

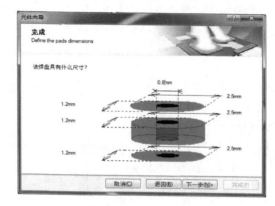

图 2-69　设置焊盘参数

③ 选择焊盘参数。由图 2-65 可知，CD4011BE 的引脚直径为 0.36～0.66 mm，相邻两引脚的中心距离为 2.54mm。因为焊盘孔径必须留有一定的余量，一般比元件引脚大 0.2～0.8mm，否则将造成元件安装困难，因此孔径（最大 0.66 mm）设为 "0.8 mm" 即可。焊盘外径受焊盘间距限制，不能大于引脚间距，否则相邻焊盘会连在一起造成短路。本例中 Y 尺寸设为 1.2 mm，留有 1 mm 左右的余量。参数的设置如图 2-69 所示，单击【下一步】按钮，弹出设置焊盘间距对话框，如图 2-70 所示。

④ 设置焊盘间距。由图 2-65 可知相邻两引脚的中心距离为 2.54 mm，而二列引脚之间的列距离为 7.62 mm。元件封装中，一般以方形焊盘表示第一脚，如图 2-70 所示。单击【下一步】按钮，弹出如图 2-71 所示的设置外围边框线宽度对话框。

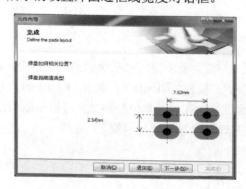

图 2-70　设置焊盘间距

⑤ 设置外围边框导线宽度。图 2-71 中，外围边框一般用于指示元件的外形和所占电路板面积，方便绘制电路板时元件布局和元件焊接时插件装配，外围边框相当于元件的俯视外形，线宽一般采用默认即可。单击【下一步】按钮，弹出如图 2-72 所示的设置焊盘数量对话框。

⑥ 设置焊盘数量。图 2-72 中，根据元件数目设置封装的焊盘数量，此时可以基本看到封装的形状，但此处只是一个示意图而已，不是实际的元件封装，只用于设置焊盘数目，输入 14。单击【下一步】按钮，弹出如图 2-73 所示的封装命名对话框。

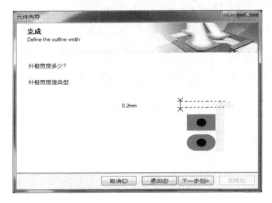

图 2-71 设置外围边框导线宽度

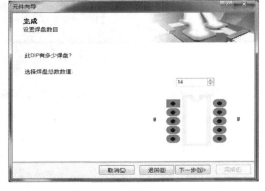

图 2-72 设置焊盘数量

⑥ 封装命名。图 2-73 中，封装名称由字母和数字组成，一般尽量避免和原封装库中已有的封装重名，以便于调用和区分。本任务中命名为"ZZDIP14"。单击【下一步】按钮，将出现如图 2-74 所示的完成对话框。

图 2-73 封装命名

图 2-74 封装制作完成

⑦ 封装制作完成。在图 2-74 中，单击【完成】按钮，将弹出初步制作完成的封装，如图 2-75 所示。在向导制作过程中，可以单击【退回（B）】按钮回到前面界面进行进一步修改设置。

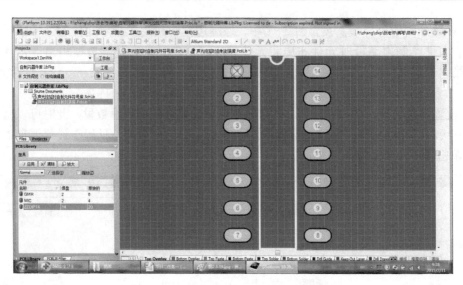

图 2-75　制作完成的 CD4011BE 封装

（3）为自制的 ZZCD4011BE 原理图元件添加 ZZDIP14 封装。

4．创建灯泡的原理图元件并添加封装

（1）创建灯泡原理图元件

灯泡的原理图符号在元件库中有，但不符合我们的要求，因此按照前面的方法自制灯泡的原理图符号如图 2-76 所示。

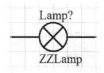

图 2-76　自制灯泡的原理图元件

（2）添加灯泡封装

本任务中，为了更好地说明电路工作原理，灯泡只在原理图中出现，但没有实际安装在电路板上，所以只需要在电路板上留有其接线位置即可，因此其封装可以选用元件库中已有的灯泡"Lamp"的封装"Pin2"即可。

至此，本任务中所需创建的原理图元件全部完成，并且为每个元件创建或添加了 PCB 封装，接下来需要编译生成集成元件库。

三、编译集成库

在"声光控延时自制元件符号.SchLib"或者"声光控延时自制封装库.PcbLib"编辑环境下，执行【工程（C）】→【Compile Integrated Library 自制元器件库.LibPkg】命令，编译集成元件包。编译后系统将自动激活【库…】面板，可以在该面板最上面的下拉列表中看到编译后的集成库文件"自制元器件库.IntLib"，并自动加载到当前安装库中，如图 2-77 所示。

和编译原理图文件类似，如果库中有错误，在编译过程中会在【Messages】面板显示编译过程中出现的全部错误信息，双击错误信息可以直接跳转到对应的元器件，设计者可以在修正错误后重新编译，这将帮助用户及时修改出现的错误，不影响之后的 PCB 板设计。

用户自己建立集成库，可以给设计工作带来极大的方便。如果需要对元件进行修改或添加新的元件，则修改后要重新进行编译，更新集成库信息。

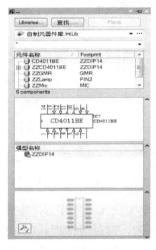

图 2-77 【库】面板

四、绘制声光控延时开关电路原理图

1. 创建工程及原理图文件

（1）创建"声光控延时开关.PrjPCB"工程

执行菜单【文件（F）】→【新建(N)】→【工程(P)】→【PCB 工程（B）】命令，创建工程项目，并保存为"声光控延时开关.PrjPCB"。

（2）在"声光控延时开关.PrjPCB"工程下创建"声光控延时开关电路.SchDoc"。

执行菜单【文件（F）】→【新建（N）】→【原理图（S）】命令，创建原理图文件，并命名为"声光控延时开关电路.SchDoc"，如图 2-78 所示。

图 2-78 创建工程及原理图文件

2. 放置原理图元件并设置属性

对照表 2-1 依次放置元件。

（1）放置自制元件

以放置光敏电阻为例，通常有两种方法：

一是在元件库编辑环境下，通过库编辑面板放置，如图 2-79 所示，单击"器件区"的【放置】按钮，编辑器自动转到原理图编辑环境，并在光标处带出自制的光敏电阻原理图元件，如图 2-80 所示，单击鼠标即可放置到图纸上。

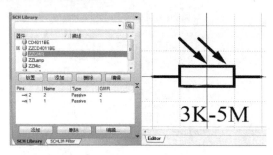

图 2-79　通过原理图元件库编辑面板放置元件

二是通过集成库放置。编译自制集成元器件库后，集成库就会自动添加到当前安装库中，在原理图编辑环境下，如图 2-81 所示，可以像使用 AD10 自带元件库一样，在"自制元器件库.IntLib"选中元件"ZZGMR"并双击该元件就可以将其放置到图纸中。

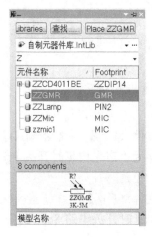

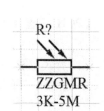

图 2-80　放置光敏电阻　　　　　　图 2-81　通过元件库放置元件

（2）为元件添加封装

以二极管 D6 为例，在当前库中找不到 DO-35 这个封装，需要进行添加。

① 双击 D6，打开【元件属性】对话框，在【Models】区域单击【ADD】按钮，弹出如图 2-82 所示【添加新模型】对话框，在模型种类的下拉菜单中，选择【Footprint】选项，单击【确定】按钮，弹出如图 2-83 所示的【PCB 模型】对话框。

② 在图2-83中，在【Footprint Model】内的【Model Name】文本框内输入封装名字"DO-35"，在【PCB Library】内选中【任意】单选按钮，单击【浏览】按钮，打开如图 2-84 所示的【浏览库】对话框。

图 2-82 【添加新模型】对话框　　　　图 2-83 【PCB 模型】对话框

③ 在图 2-84 中找不到"DO-35",说明这个封装在当前库中不存在,需要进行搜索,单击【发现】对话框,打开如图 2-85 所示【搜索库】对话框。

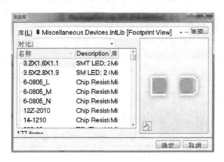

图 2-84 【浏览库】对话框

④ 在图 2-85 中,【运算符】选择【contains】,值输入"DO-35",路径选择为 AD 安装目录下的 Library,单击【查找】按钮,打开如图 2-86 所示的【浏览库】对话框。

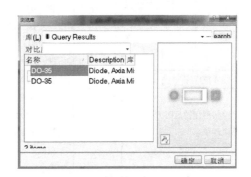

图 2-85 【搜索库】对话框　　　　　图 2-86 【浏览库】对话框

⑤ 在图 2-86 中,选择"DO-35",单击【确定】按钮,如果是第一次使用这个库,系统会弹出【Confirm】对话框,如图 2-87 所示,单击【是(Y)】按钮,保证该封装的添加成功。返回【PCB 模型】对话框,单击【确定】按钮,此时在【元件属性】对话框中的"模型区"会显示这个封装。

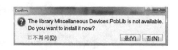

图 2-87　确认安装对话框

3. 调整元件布局并连线

对元件布局和标注等进行调整，并连接线路如图 2-6 所示，注意放置网络标号 VDD。

五、编译检查

仿照项目 1 中编译"直流稳压电源电路图"的方法，对"声光控延时开关电路原理图"进行编译查错，对提示的错误进行修改，保证之后的 PCB 设计正常进行。

绘制声光控延时开关原理图检测与评估表

编号	检测内容		分值	评分标准	学生自评	小组评价	教师评价
1	创建自制集成库工程及原理图库文件		6 分	名称、文件类型、保存位置各 1 分，共 6 分			
2	创建原理图元件及 PCB 封装	光敏电阻	14 分	原理图元件位置、命名、外形、添加封装各 1 分，封装焊盘大小、放置层、外形、命名各 2 分			
		驻极体话筒	11 分	原理图元件位置、命名、外形、引脚、添加封装各 1 分，封装焊盘距离、外形、命名各 2 分			
		CD4011BE	21 分	原理图元件位置、命名、添加封装各 1 分，每个部件 2 分，电源和地引脚设置各 3 分，封装焊盘数量、大小、间距、命名各 1 分。			
		灯泡	6 分	原理图元件位置、命名、外形、引脚、添加封装各 1 分			
3	编译集成库		4 分	编译原理图无误			
4	绘制声光控延时开关电路原理图		18 分	错误或缺少 1 个元器件扣 1 分（包括电源和 VDD 网络标签），连线错 1 处扣 1 分，扣完为止			
			6 分	布局合理，结构紧凑，标注清晰			
5	编译原理图		4 分	编译无错 6 分			
6	综合表现		10 分	团队协作，遵守纪律，安全操作			
合计			100 分				
经验与体会							

　仿制声光控延时开关 PCB

任务分析

　　本任务是仿照设计声光控延时开关 PCB，根据图 2-1 可知，因为产品的外壳是成品，所以电路板的尺寸、安装孔的位置、光敏电阻和驻极体话筒的位置都是限定的，制作过程中一定要满足这些要求，才能设计出具有实际应用价值的 PCB。

　　请按要求在 8 节课内完成以下任务：

　　1．创建 PCB 文件。

　　（1）在上一个任务所创建的工程文件"声光控延时开关.PrjPCB"中，创建一个印制板文件，命名为"声光控延时开关.PcbDoc"

　　（2）在"声光控延时开关.PcbDoc"中，手动规划电路板，电路板尺寸 50 mm×35 mm，电气尺寸 48 mm×33 mm，如图 2-88 所示。

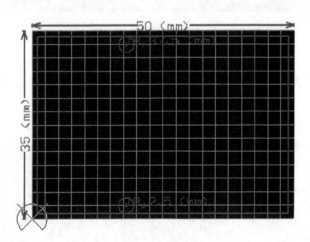

图 2-88　声光控延时开关 PCB

　　2．放置安装孔。

　　把电路板左下角设为参考原点，在坐标（18 mm，2.5 mm）、（18 mm，32.5 mm）的位置，放置 2 个半径为 1.5 mm 的安装孔，如图 2-88 所示。

　　3．导入原理图文件。

　　将编译之后的原理图文件"声光控延时开关.SchDoc"同步到"声光控延时开关.PcbDoc"。

　　4．布局。

　　（1）把光敏电阻和麦克放在所要求的位置上：光敏电阻中心位置（5 mm，17 mm），麦克中心位置（29 mm，17 mm）。

　　（2）删去插座和灯泡的封装。

　　（3）仿照实物，把元件布局到相应的位置，如图 2-89 所示。

5．设置布线规则。

（1）线宽设置如下：普通信号线宽为最小 0.2 mm，最大 0.4 mm，优先线宽为 0.3mm；电源网络线宽为最小 0.4 mm、最大 0.7 mm，优先线宽为 0.6 mm；地线宽为最小 0.6mm、最大 0.8 mm，优先线宽为 0.7 mm。优先级别从高到低依次是地线、电源线、信号线。

（2）设置为单面板，布线在底层。

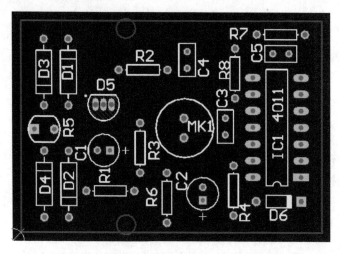

图 2-89　声光控延时开关 PCB 参考布局

6．布线。

（1）在电源接口对应的位置放置焊盘，对邻近的几个相连的焊盘进行填充，如图 2-90 所示。

（2）采用自动布线与手工布线相结合的方式，进行布线。

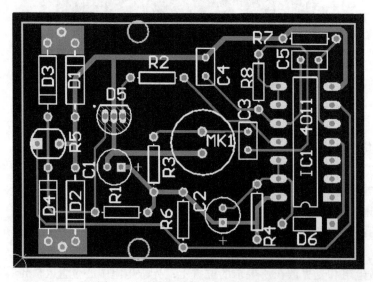

图 2-90　声光控延时开关参考布线图

7．编译。

编译工程文件直至没有错误。

安装有 Altium Designer 10 软件的计算机，声光控延时开关，编译好的声光控延时开关电路原理图文件。

一、创建 PCB 文件

1. 创建 PCB 文件

上一个项目中，采用了向导创建 PCB 文件，本项目中利用菜单命令创建 PCB 文件。

（1）创建 PCB 文件

打开前面所创建的工程文件"声光控延时开关.PrjPCB"，执行【文件（F）】→【新建（N）】→【PCB（P）】命令，就可以向声光控延时开关工程中添加 PCB 文件。如图 2-91 所示。项目下出现一个默认名为 PCB1 的文档，同时也打开了 PCB 编辑器。

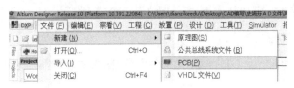

图 2-91　创建新的 PCB 文件

（2）保存 PCB 文档

保存 PCB 文档，命名为"声光控延时开关.P cbDoc"，如图 2-92 所示。

图 2-92　保存 PCB 文件

2. 手动规划电路板

通过菜单生成的 PCB 文件和利用向导生成的不同，电路板是默认的比较大的尺寸，还需要手动规划电路板，确定 PCB 的外形物理尺寸及电气边界，此外还有层数设置、层面的颜色设置、网格设置等，规划的过程也就是一个 PCB 工作参数的设置过程。规划的原则是在满足实际产品要求的前提下，尽量美观，同时便于后面的布线操作。

电路板的物理边界即为 PCB 板的实际大小和形状，它的规划是在机械层（Mechanical ）进行的。电路板电气边界决定了电路板的元件布局区和布线区， 它的规划是在禁止布线层（Keep-Out Layer）中。

下面为声光控延时开关手工规划一块单面电路板，尺寸为 50 mm×35 mm，电气尺寸 47 mm×32 mm，关于英制单位和国际单位之间的切换，只需按【Q】键（在非中文输入状态下）即可。

（1）设置栅格

为了便于操作，本任务中把栅格设置为"0.5mm"。执行【察看（V）】→【栅格（G）】→【Grid Manager】命令，或者在 PCB 设计工作区中右击，在弹出的快捷菜单中选择【选项（O）】→【栅格（G）】选项，都可以进入栅格管理器，如图 2-93 所示。

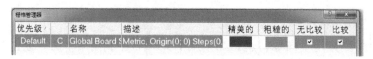

图 2-93　栅格管理器

双击图 2-93 中栅格管理器，弹出栅格编辑器对话框如图 2-94 所示，在其中设定【步进 X】值为"0.5 mm"，默认情况下，【步进 Y】和【步进 X】保持一致，也更新为"0.5 mm"。如需单独设置【步进 Y】，可单击 按钮，对【步进 Y】进行设置。设置完成后依次单击【确定】按钮退出栅格设置状态。

图 2-94　栅格编辑器对话框

（2）设置电路板坐标原点

执行【编辑（E）】→【原点（O）】→【设置（S）】命令，单击工作区靠近中间的某一点，即把这点设为了坐标原点（0，0），电路板其他位置坐标都以其为参考原点。

（3）重新定义板子外形

执行【设计（D）】→【板子形状（S）】→【重新定义板子外形（R）】命令，如图 2-95 所示。

通过观察工作区左上方坐标指示，如图 2-96 所示，移动光标按顺序分别在工作区内坐标为（0，0）、（0，35）、（50，35）、（50，0）点上单击，最后右击退出，即规划出了一块尺寸为 50 mm×35mm 的电路板，如图 2-97 所示。

图 2-95　重新定义板子形状　　　　　　　　　图 2-96　坐标指示

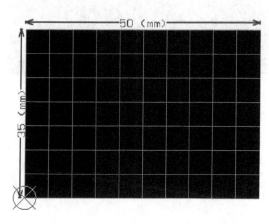

图 2-97　长 50mm×宽 35mm 电路板

（4）规划电路板电气边界

为防止元件及铜膜走线距离电路板边缘太近，需要设定电路板的电气边界，电气边界用于限制元件布置及铜膜走线在此范围内。声光控延时开关电路板电气边界设置为 43 mm×33mm，距电路板边界 1 mm。

① 电气边界在禁止布线层上，单击 PCB 编辑器页面下部层标签，将当前图层转换到 Keep-Out layer 禁止布线层。

② 执行【放置（P）】→【走线（L）】命令，启动绘制直线操作，光标变为"十"字形状，在电路板上任意位置绘制出四条直线。

③ 双击任意一条直线，弹出【轨迹】对话框，编辑直线属性，如图 2-98 所示，单击【确定】按钮，则在电路板上放置好下面一条边界。

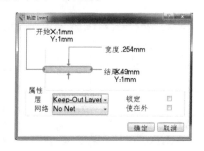

图 2-98　【轨迹】对话框

④ 依次设置另外三条边界线轨迹，完成后如图 2-99 所示，所有的元件和布线必须在这个区域内进行。

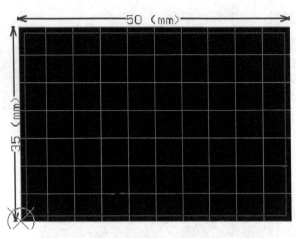

图 2-99　规划电气边界

二、放置安装孔

电路板尺寸标注、边框、安装孔等有关机械安装方面的内容一般添加在机械层，放置安装孔步骤如下。

1. 选择操作层

利用 PCB 编辑器下部图层转换按钮选择机械层（Mechanical）。

2. 放置安装孔

执行【放置（P）】→【圆环（U）】命令或者单击绘图工具 下圆环工具，在电路板上任意位置放置两个圆环。

3. 设置安装孔属性

以上绘制出的安装孔的尺寸、位置只是大致估计，还需精确设置。双击绘制好的圆孔，弹出如图 2-100 所示对话框，根据安装螺丝的大小修改圆半径为 1.5mm，圆中心坐标为（18mm，2.5mm），圆环宽度为 0.1 mm。再用同样方法设置第二安装孔属性。设置好后的参数如图 2-101 所示。

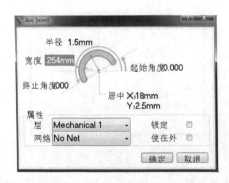

图 2-100　设置安装孔属性

图 2-101　设置好安装孔的电路板

三、导入原理图

采用项目 1 任务 2 中的把原理图导入 PCB 的方法，把编译无误的"声光控延时开关.SchDoc"导入到"声光控延时开关.PcbDoc"中。

四、元器件布局

1. 固定位置元器件布局

为了更好地接收光线和声音，在声光控延时开关的外壳上开有孔洞，需要把麦克和光敏电阻布局到相应的位置。先把光敏电阻拖放到 PCB 板上任意位置，双击弹出属性菜单如图 2-102 所示，把元件属性的【X 轴位置】和【Y 轴位置】设置为任务中要求的（5 mm，17 mm），选中"锁定"复选框，即光敏电阻位置被锁定，不能改变。

用同样方法通过设置驻极体话筒属性，把它放置到坐标为（29mm，17mm）的位置。

图 2-102　设置光敏电阻属性

2. 删除 PCB 上不存在的元件

在原理图中，为了说明电路工作原理，放置有灯泡 LAMP1，实际中灯泡并不接在电路板上，而是通过电线与电路板相连，所以把灯泡封装删除。

原理图中画有电源插座 P1，实际中为了容易布线，以及考虑到电源电流过大的原因，直接在电路上整流电路的输入端放置两个焊盘即可，所以把 P1 的封装也删除。

3. 在电源输入端放置填充

由电路原理图可知，电源的两个输入端点分别在 D1 和 D3 的上端连接处，D2 和 D4 的下端连接处，需要在这两处附近各放置一个焊盘。放置焊盘后，本任务中通过放置矩形填充使连接在同一个网络的几个焊盘相连，同时也便于散热。

（1）放置焊盘

通过工作区下方的层标签把当前操作层切换到复合层（Multi Layer），执行【放置（P）】→【焊盘（P）】命令，在上述两个位置各放置一个焊盘。

（2）设置焊盘网络

把光标移到上方其中一个焊盘附近处，按键【PgUp】键放大，直到焊盘上显示出所在网络名称"NetD1-2"，如图 2-103（a）所示。双击新添加焊盘，在焊盘属性对话框的"属性区中"，单击【网络】的下拉菜单，从中找到"NetD1-2"，设置为网络，单击【确定】按钮退出属性设置对话框，如图 2-103（b）所示。新加的焊盘已经添加到网络"NetD1-2"中，并显出飞线，如图 2-103（c）所示。

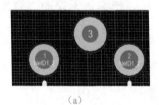 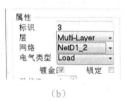 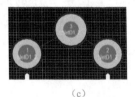

(a) (b) (c)

图 2-103 设置焊盘网络

（3）放置填充

通过工作区下方的层标签把当前操作层切换到底层（Bottom Layer），执行【放置（P）】→【填充（F）】命令，光标变为"十"字形，在需要放置填充的一个矩形顶点单击，然后移动光标到矩形的对角线上的另一个顶点单击，即放置好矩形填充，右击退出放置填充状态，如图 2-104 所示。

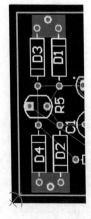

图 2-104 放置矩形填充

4. 其余元件布局

依据实物图和布局参考如图 2-89 所示，把其他元件放到相应位置。切记，在 PCB 编辑环境中，有些元件不能进行水平和垂直方向的翻转，如本任务中的 IC1 和 D5，如果进行水平方向的翻转，会造成引脚与封装错乱，装配时容易出现错误。

五、PCB 布线规则设置

仿照项目 1 任务 2 中，进行线宽设置如下：普通信号线宽为最小 0.2 mm、最大 0.4 mm，优先线宽为 0.3mm；电源网络线宽为最小 0.4 mm、最大 0.7 mm，优先线宽为 0.6 mm；地线宽为最小 0.6mm、最大 0.8 mm，优先线宽为 0.7 mm。优先级别从高到低依次是地线、电源线、信号线。

依照项目 1 任务 2，把布线层设置为底层。

六、布线

采用自动布线和手工布线相结合的方式，完成布线，调整元件标注，使之显示清楚，如图 2-90 所示。

自动布线之后，要放大仔细观察，如果出现类似图 2-105 的布线结果，则需重新布线。安装孔是通孔，所以安装孔的位置绝对不允许有导线；MK1 附近的线有交叉重叠形象，因为是单面板，所有的导线都是在底层的，如果交叉就意味着短路，所以不允许交叉。

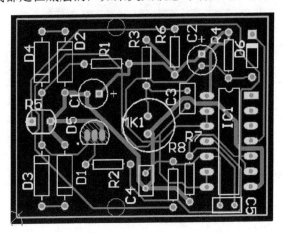

图 2-105　错误布线举例

七、编译

布线完成后，需要对整个工程进行编译，在 PCB 编辑环境下，执行【工程（C）】→【Compile PCB Project 声光控延时开关.PriPCB】命令，对工程进行编译，如有错误则会自动出现在【Message】窗口，双击错误信息，则错误对应位置在电路原理图中高亮显示，进行检查修改，再次编译，直至没有错误。

任务评价

仿制声光控延时开关 PCB 任务检测与评估表

编号	检测内容		分值	评分标准	学生自评	小组评价	教师评价
1	创建 PCB 文件	新建 PCB 文件	6 分	名称、文件类型、保存位置各 2 分			
		规划电路板	10 分	电路板尺寸 4 分,电气边界操作层 2 分,尺寸 4 分			
2	放置安装孔		6 分	两个安装孔操作层、位置、大小各 1 分			
3	导入原理图文件		6 分	能正确导入			
4	布局	放置光敏电阻和麦克风	6 分	能放置到要求位置并锁定各 3 分			
		删除插座和灯泡	4 分	每个 2 分			
		其他元件布局	18 分	按要求把元件布局到相应位置,每各 1 分			
5	布线规则		8 分	电源、地线、信号线宽度、布线层,每各 2 分			
6	布线	放置填充	6 分	添加电源端口焊盘 2 分,设置网络标号 2 分,放置填充 2 分			
		布线	15 分	布线成功 10 分,标注调整清晰 5 分			
7	编译		5 分	编译无错误（ERROR）			
8	综合表现		10 分	团队协作,遵守纪律,安全操作			
合计			100 分				
经验与体会							

项目小结

　　本项目以仿制声光控延时开关 PCB 为例,共分为两个任务。

　　任务一是绘制声光控延时开关原理图,一些特殊元件或非标准元件在软件原有的库中找不到原理图符号或者封装,需要自行创建,并编译为集成库,方便随时调用。

　　任务二是仿制声光控延时开关 PCB,设计为单面板,因为成品外壳的原因,电路板的大小、安装孔的位置、传感元件的位置都是固定的,这给设计带来了一定难度,需认真布局,才能在有限的 PCB 板上完成布线。

项目 3

设计单片机控制电路 PCB

以上两个项目设计的 PCB 均为单面板，本项目设计制作比较复杂的单片机控制电路，进行双面板设计，并输出所需要的文件。

技能目标

进一步掌握制作元件的方法。

掌握总线、总线入口、网络标号的绘制。

会设计双面 PCB 板。

会进行交互式手工布线。

会进行覆铜操作。

学会 Altium Designer 10 的文件管理，会输出所需要文件。

知识目标

掌握绘制总线的方法。

了解双面 PCB 板的结构。

掌握双面 PCB 的设计方法。

掌握输出文件的方法。

任务 1 绘制单片机控制电路原理图

任务分析

本任务绘制单片机控制电路，元件封装有贴片式，因为电路复杂，采用分功能模块绘制，为使电路原理图清晰明了，部分连接采用总线绘制的方法。

请按要求在 6 节课内完成以下任务：

1．创建工程及原理图文件。

在 Altium Designer 10 软件环境下创建"单片机控制电路.prjPcb"工程文件，在工程文件下添加"单片机控制电路.SchDoc"原理图文件。

2．创建元件。

（1）打开上一个项目所创建的"自制元器件库.LibPkg"，并在该工程下创建"单片机元件库.SchLib"文件和"单片机封装库.PcbLib"文件。

（2）创建元件"MAX232CPE"如图 3-1 所示，并为元件添加封装 DIP-16。

（3）自制发光二极管 LED1 的封装"发光二极管"如图 3-2 所示，外形圆的半径为 2.80mm，两焊盘间距为 2.54mm，焊盘直径为 1.78mm，孔径为 1.27mm。

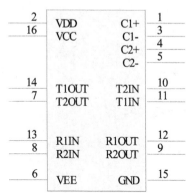

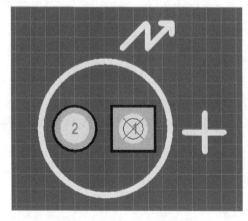

图 3-1 自制 MAX232CPE   图 3-2 自制发光二极管封装

（4）编译集成库。

3．绘制如图 3-3 所示单片机控制电路原理图。

（1）设置原理图环境。

将图纸设置为 A4，横向放置。

（2）连接线路及绘制总线。

将 8 路 LED 灯与插针的连接使用总线连接。

（3）设置网络标号：X1、X2、RST、RXD、TXD、R1N、R2N、R2N1、R2N2、RRXD、P15、P16、P17、T1O、T2O。

4. 编译原理图。

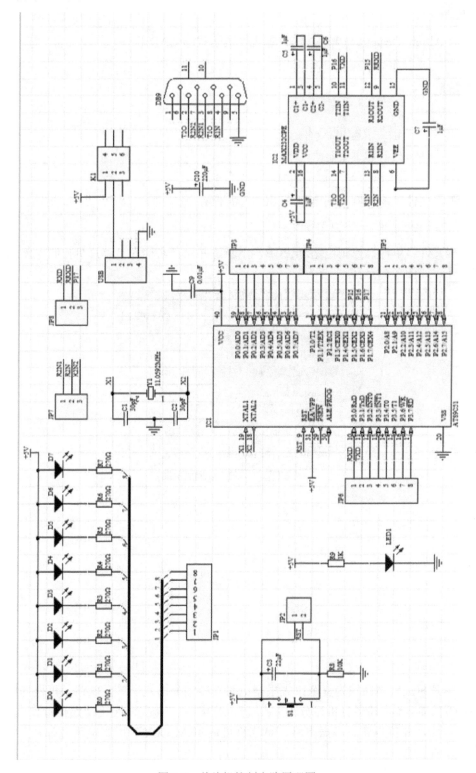

图 3-3　单片机控制电路原理图

安装有 Altium Designer 10 软件的计算机，电子线路 CAD 积件。

一、创建工程及原理图文件

1. 创建单片机控制电路工程

创建工程文件"单片机控制电路.PrjPCB"并保存。

2. 新建单片机控制电路原理图文件

在工程文件"单片机控制电路.PrjPCB"下新建并保存名称为"单片机控制电路.SchDoc"原理图文件，如图 3-4 所示。

图 3-4　原理图保存后在工作区面板的显示

二、创建元件

1. 分析原理图并添加元件库

由于单片机控制电路较为复杂，先根据电路功能划分出几个单元电路，再根据单元电路分模块进行绘制。本电路经分析可分为 LED 流水灯电路、下载端口电路、通信端口电路、USB 电源接口电路、复位电路、晶振电路、单片机模块和 MAX232 扩展电路几部分，如图 3-5 所示。

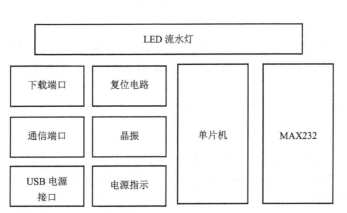

图 3-5   单片机控制电路框图

分析元器件的所属库和需要创建的元件，原理图中所有的元器件分析结果如表 3-1 所示。

表 3-1   单片机控制电路原理图元器件分析

编号	元件类型和编号	原理图库中名称	原理图元件库名	封装	封装库名
1	瓷片电容 C1，C2 C4，C5，C6，C7.C8，C9	Cap	Miscellaneous Devices.IntLib	RAD-0.2	Miscellaneous Devices.IntLib
2	电解电容 C3，C10	Cap Pol2		RB5-10.5	
3	发光二极管，D1，D2，D3，D4，D5，D6，D7，D8	LED2		3.2X1.6X1.1	
4	晶振 Y1	XTAL		R38	
5	电阻 R1，R2，R3，R4，R5，R6，R7，R8，R9，R10	RES2		AXIAL-0.4	
6	按钮开关 S1	SW-PB		DPST-4	
7	发光二极管 LED1	LED0		发光二极管	单片机控制电路封装库
8	线路驱动器 IC2	MAX232CPE	单片机控制电路元件库	DIP-16	Miscellaneous Devices.IntLib
9	串口 DB9	D Connector 9	Miscellaneous Connectors.IntLib	DSUB1.385-2H9	Miscellaneous Connectors.IntLib
10	8 针插针 JP1，JP3，JP4，JP5，JP6	MHDR1×8		MHDR1×8	
11	2 针插针 JP2	HDR1×2		HDR1×2	
12	3 针插针 JP7，JP8	HDR1×3		HDR1×3	
13	插针端子 K1	Header 3×2A		HDR2X3_CEN	
14	USB 接口 USB	Header 4		USB2.5-2H4	Con USB.PCBLib
15	单片机 IC1	P89C51RC2BN/01	Philips Microcontroller 8-Bit.IntLib	DIP-40/B53.2	Philips Microcontroller8-Bit.IntLib

说明：单片机 89C51 在 Protel 2004 和 99SE 元件库中都有，如果计算机中没有这两个库，也可以自己创建元件；USB 接口的封装可在 ProtelDXP2004 的 Con USB.PcbLib 封装库中添加或自行创建。

查看当前可用库，将上表中没有的加载进来。

2．创建原理图元件库和 PCB 封装库

由表 3-1 可知，需要创建原理图元件和 PCB 封装，创建之前，要新建所对应的库，在上一个项目创建的"自制元器件库.LibPkg"工程下，添加"单片机控制电路元件库 SchLib"和"单片机控制电路封装库.PcbLib"。

3．创建元件

由表 3-1 可知，需要创建元件 MAX232CPE 和发光二极管封装 ，如图 3-1 和图 3-2 所示，分析其特性，选用合适的创建方式，进行创建。

4．编译集成库

因为在集成库中添加了新元件，所以要重新编译。仿照项目 2 中的方法，对集成库进行编译，直到无错。

三、绘制单片机控制电路原理图

1．设置原理图工作环境

将图纸设置为 A4，横向放置。

2．放置元器件并设置属性

按照表 3-1 所示放置所有元件，并进行属性设置，并把自制的元件和封装添加进去。

3．布局调整

参照项目 1 中的任务 1 对元器件进行选取、移动、旋转、删除等操作，完成元器件的布局，如图 3-6 所示。

4．原理图线路连接

（1）放置导线、电源和地

如图 3-3 用导线连接电路，放置电源+5V 和地。

（2）放置网络标号

因为本电路是分单元绘制，为了使电路原理图简洁，单元电路之间的连接不采用导线连接，而是采用放置相同的网络标号进行实际电气上的连接。本电路需要在如图 3-3 相应位置放置以下网络标号：X1、X2、RST、RXD、TXD、R1N、R2N、R2N1、R2N2、RRXD、P15、P16、P17、T1O、T2O。

（3）放置总线

在多条导线输入、输出、方向都一致的情况下，可以采取绘制总线的方法，总线就是用一条线来表示数条走向相同的导线，它类似计算机的系统总线。总线用一条较粗的线来表示，

总线本身没有实质的电气意义，目的是为了简化电路的连接。电路上采用总线形式连接的相应点的电气关系不是由总线本身确定的，在对应的电气连接点必须放置总线引入线（总线进口）及网络标号，只有相同网络标号的点才具有电气连接性。

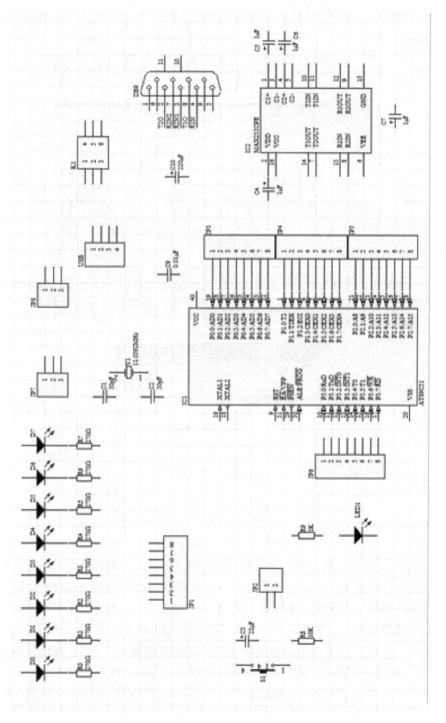

图 3-6　单片机控制电路元器件布局

本任务中将 8 路 LED 灯与插针的连接采用总线绘制，绘制步骤如下：

① 放置总线。执行【放置（P）】→【总线（B）】命令，或者在【配线工具栏（Wiring）】中，单击【放置总线】图标。放置总线和放置导线完全相同，放置总线时常采用 45°模式（按下【Shift+Space】组合键调整），并且导线的末端最好不要超出总线引入线，如图 3-7 所示。

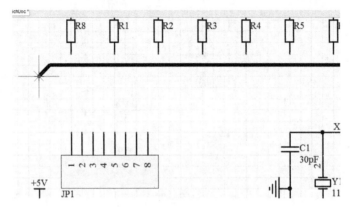

图 3-7   放置总线

在画总线状态下，按【Tab】键或者在已放置的总线上双击，弹出【总线（B）】对话框，如图 3-8 所示，在该对话框中可以设置总线的颜色和宽度等属性，设置完毕后，单击【确定】按钮，完成总线的属性设置。

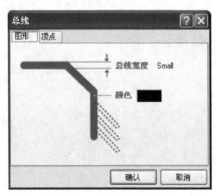

图 3-8   【总线】对话框

② 放置总线入口。总线入口是单一导线与总线之间的连接线，总线绘制完成后，要用总线入口将总线与导线连接起来，总线入口本身没有实质的电气意义，要建立实际的连接还需要通过放置网络标号来实现执行【放置（P）】→【总线入口（U）】命令，或者在配线工具栏中，单击【放置总线入口】图标。执行【放置总线入口】命令后，光标变成"十"字形状浮动着一段 45°或者 135°的线，将光标移动到欲放置总线入口位置，光标处将出现红色的"×"形标记，如图 3-9 所示，这表示该点可以放置总线入口，单击或按【Enter】键即可完成一个总线入口的放置。放置完一个总线入口后，系统仍处于放置总线入口状态，然后将光标移动到另一个位置，可以继续放置。完成全部的放置，右击工作区或按【Esc】键，退出放置总线入口状态。

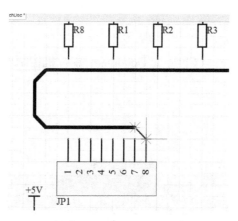

图 3-9　放置总线入口

　　在放置总线入口状态下，按【Tab】键或者双击放置好的总线入口，弹出【总线入口】对话框，如图 3-10 所示，对话框的设置与导线属性对话框设置相同，设置完毕后，单击【确定】按钮，完成总线入口的属性设置。

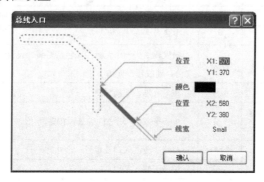

图 3-10　【总线入口】对话框

　　③ 放置网络标号。网格标号的作用是给电气对象分配网络名称，具有实际的电气意义。在 AD10 中规定，具有相同的网格标号的多个电气意义上的点，都被识为同一条导线上的点。使用网格标号可以简化电路图的走线，上面虽然放置了总线和总线入口，但并没有实现真正意义上的电气连接，所以还需要在相应位置放置网络标号，完成电气连接。

　　如图 3-11 所示，在总线入口相应位置放置网络标号，完成总线绘制。

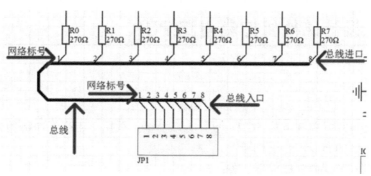

图 3-11　完成总线、总线入口、网络标号的放置

四、编译

执行菜单【工程（C）】→【Compile Document 单片机控制电路.SchDoc】命令完成原理图的编译，直到无错。

任务评价

单片机控制电路原理图任务检测与评估表

编号	检测内容		分值	评分标准	学生自评	小组评价	教师评价
1	创建工程及原理图文件		6分	名称、文件类型、保存位置各1分			
2	创建元件	创建元件库、封装库	6分	名称、文件类型、位置各1分			
		创建元件	12分	原理图元件位置、命名、外形、添加封装各1分，引脚一个0.5分			
		创建封装	5分	操作层、外形尺寸、焊盘大小、间距各1分			
		编译集成库	4分	无错			
3	绘制原理图	放置元件并连线	30分	错误或缺少一个元器件（包括封装、设置）扣1分，连线错一处扣1分，扣完为止			
		布局	6分	布局合理，结构紧凑			
		网络标号、电源和地	5分	少一个或错一个扣0.5分，扣完为止			
		总线	10分	总线2分，入口及标号一个0.25分			
4	编译		6分	编译无错			
5	综合表现		10分	团队协作，遵守纪律，安全操作			
合计			100分				
经验与体会							

任务 2　设计单片机控制电路 PCB

任务分析

本任务设计单片机控制电路 PCB，设计为双面板，采用手工交互布线的方式，按一定的顺序进行不同网络的布线，并进行覆铜。

请按要求在 6 节课内完成以下任务：

1. 创建 PCB 文件并放置固定孔。

（1）在上一个工程下创建一个新的 PCB 文件"单片机系统.PcbDoc"并保存，PCB 板外框尺寸 80 mm×120mm。

（2）以电路板左下角为参考原点，在（8mm，8mm）、（8mm，72mm）、（112mm，8mm）和（112mm，72mm）放置四个焊盘作为固定孔，通孔尺寸与焊盘相同，为 3.5mm。

2. 设置 PCB 设计规则。

（1）设置导线宽度及优先级。

通用网线类最小 0.2mm、推荐 0.25mm、最大 0.3mm；电源网络类最小 0.5mm、推荐 1mm、最大 1.5mm；电源类网络优先级最高。

（2）设置布线层为顶层和底层。

3. PCB 同步。

把原理图同步到 PCB 中。

4. 布局。

按图 3-22 进行布局。

5. 交互式布线。

（1）先按设定的导线宽度对电源线和地线进行布线，地线布在底层，电源线尽量布在顶层。

（2）对顶层和底层进行覆铜，覆铜网络连接到地（GND）。

（3）按照时钟线→数据/地址线、复位线、相关控制线→数据通信线→其他连线的顺序进行布线，尽量布在顶层。

6. 在线 DRC 检查。

在线 DRC 检查，直到没有错误，生成 DRC 规则检查报表。

任务准备

安装有 Altium Designer 10 软件的计算机，电子线路 CAD 积件，绘制完成无误的单片机控制电路原理图。

任务实施

绘制原理图后，接下来的工作就是设计 PCB 板，这个工作是每个电子设计中必不可少的一个环节。

一、创建 PCB 文件

1. 创建 PCB 文件

在上一任务创建的工程"单片机控制电路.prjPcb"之下，采用向导或手动规划，创建一个新的 PCB 文件"单片机系统.PcbDoc"并保存，PCB 板外框尺寸为 80mm×120mm。

2. 放置固定孔

本任务中，固定孔采用放置焊盘的方式进行。选择【编辑（E）】→【原点（O）】→【设置（S）】命令，把图纸的参考源点设置在板子的左下角，然后在板子上所要求位置放置 4 个固定孔。

把当前操作层切换到复合层【Multi-Layer】，执行菜单【放置（P）】→【焊盘（P）】命令，放置完成后双击焊盘，调出焊盘设置对话框，进行如图 3-12 的设置：

① 焊盘放在【Multi-Layer】层；

② 【X】轴和【Y】轴的尺寸都是"3.5mm"，【外形】为【Round】；

③ 通孔尺寸与焊盘相同，为"3.5mm"；

④ 固定孔一般不需要涂镀，所以【镀金的】选项不选。

分别放置 4 个这样的焊盘，它们的坐标分别为（8mm，8mm）、（8mm，72mm）、（112mm，8mm）和（112mm，72mm）。可以移动鼠标然后观察左下角的坐标指示放置，还可以直接修改焊盘对话框的位置栏中的【X】和【Y】坐标值，然后单击【确定】按键实现。

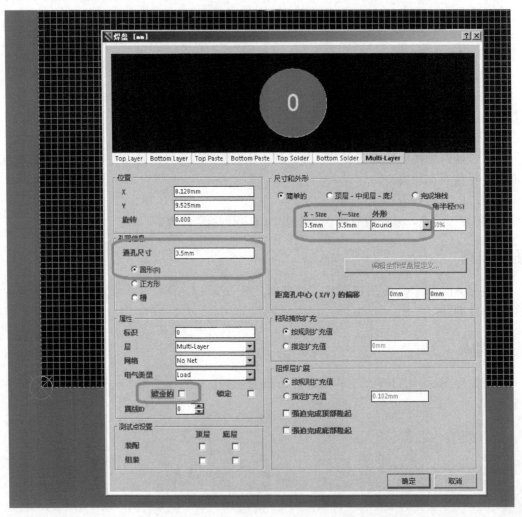

图 3-12　放置固定孔（非涂镀的通孔焊盘）

选择【放置（P）】→【尺寸（D）】→【线性的（L）】命令，为图纸放置重要的尺寸信息，如图 3-13 所示。

图 3-13 带有尺寸标注的板外框

至此，完成了 PCB 板外框的设定，接下来就可以设置规则，然后进行元器件布局以及布线等工作。

二、设置单片机控制电路 PCB 规则

在 Altium Designer 中提供了全规则驱动的 PCB 布线器，合理的规则设置可以帮助我们及时发现并且避免布线中的错误。执行【设计（Design）】→【规则（Rule）】命令，弹出布线规则设置对话框，本任务中需要设置如下的规则：

1. 设置导线宽度

铜导线的宽度与它上面承载的电流基本上是线性相关的，宽度越宽承载电流越大，宽度越窄承载电流越小，然而，在生产过程中网络铜皮宽度的选择还要综合考虑布线的密度和加工商的生产能力。也就是说不能为了提高铜皮的电流载荷而刻意加宽铜皮走线宽度，因为铜皮过宽就会大大减少板子的布线密度；也不能为了提高板子的走线密度而刻意减小走线宽度，因为铜皮宽度越小、工艺越复杂、成本越高。

本任务中，我们设定两条宽度规则，一条用于普通信号走线，它们都是小电流信号走线不要太宽；另一条用于电源网络走线，它们会承载大电流，走线要宽一些。

在设置规则前，需要做一些准备工作——建立一个网络类。这对于建立电源类网络走线

规则非常有帮助。

（1）建立网络类

执行【设计（Design）】→【类（Classes）】命令，弹出如图 3-14 所示的【对象类浏览器】对话框。用鼠标右键单击【Net Classes】，在弹出的快捷菜单中选择【添加类（X）】命令,即在之下添加上了新的类"New Class"，右击【New Class】，在弹出的快捷菜单中选择【重命名类（Z）】命令，把类的名字命名为"Power Nets"，然后在【非成员】栏中选择"+5V"和"GND"网络，单击图 3-14 中显示的右向箭头,把它们放入【成员】栏。这样就建立了一个名称为【Power Nets】的网络类。

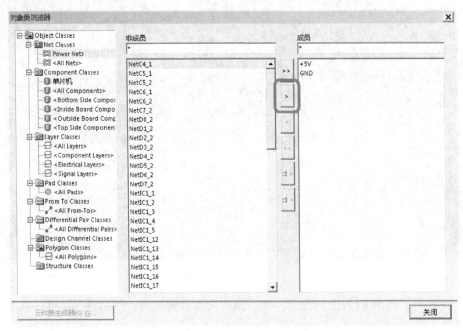

图 3-14　添加【Power Nets】网络类

（2）设置通用网络导线宽度

执行【设计（Design）】→【规则（Rules）】命令，选择【Routing】→【Width】→【Width】，出现如图 3-15 所示的对话框。

首先设置通用网络的导线宽度规则，如图 3-15 所示，它们的宽度限制分别为最小 0.2mm、推荐 0.25mm、最大 0.3mm。

（3）设置电源网络导线宽度

右击宽度规则，在弹出的对话框选择【新规则（W）】命令,即添加上了一个新的宽度规则"Width1"，单击这个规则打开设置对话框，如图 3-16 所示，在【Where the first Object Matches】栏目中选择【网络类】选项，然后在右边的下拉菜单中选择刚才定义的网络类【Power Nets】。宽度分别设置为最小 0.5mm、推荐 1mm、最大 1.5mm。这个规则的名字自动命名为"Width_Power"。

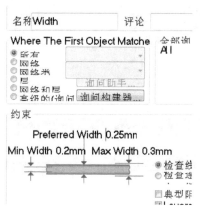

图 3-15 设置通用网络导线宽度

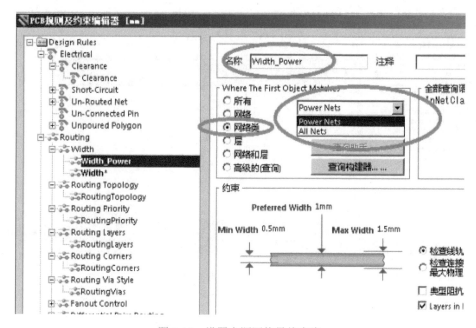

图 3-16 设置电源网络导线宽度

（4）设置布线优先级

由于这两个规则同属于一类规则，所以还要设置它们之间的优先权顺序。一般情况下新建规则优先权要高于原有的规则。当软件检测这类规则时，会按照定义的优先权顺序依次检测。特定对象的优先权要高于通用规则，否则会造成要么检测不到走线错误，或者软件大量地报错。例如，这个任务中如果【Power Nets】网络类规则的优先级低于通用规则，那么我们按照电源网络的宽度走线时，软件就会大量报错。如果按照软件推荐的规则宽度走线，那么 GND 网络的线宽只有 0.3mm。优先级的设置可以单击图 3-16 左下角的【优先权（P）】按钮实现，把电源网络类优先权调至最高，如图 3-17 所示。

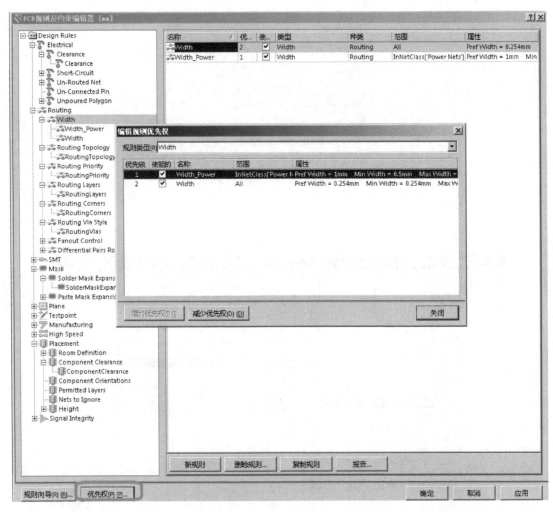

图 3-17　设置布线宽度的优先权

2. 设置布线层

设置布线层为顶层和底层，如图 3-18 所示。

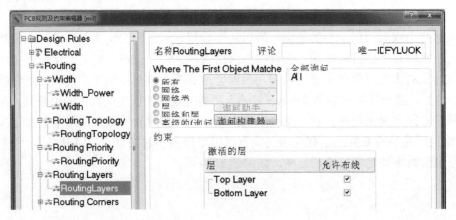

图 3-18　设置布线层

三、PCB 同步

在进行元器件布局工作前，需要把设计由原理图转移到 PCB 上。在 PCB 编辑器上执行【设计（D）】→【Import Change From xxx.PrjPcb】命令，如图 3-19 所示，导入原理图之后的 PCB 如图 3-20 所示。

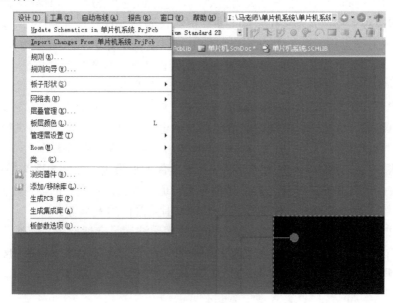

图 3-19　导入设计

不仅把原理图设计导入到 PCB 设计时可以使用这个命令，PCB 布局过程中原理图设计有任何的变化都可以使用这个命令实现原理图与 PCB 设计的数据同步。PCB 中任何设计变更，如元器件标号的变更、引脚信号定义的交换等可以使用上面【设计（D）】→【Update Schematics in xxx.PrjPcb】命令传递到工程中的原理图上。基于统一的元器件库，在 Altium Designer 中生成了基于工程文件的统一的数据结构，所以原理图与 PCB 端的设计更改，都可以通过一个命令及时地传递给对方。这对于电子设计是非常重要的，一个工程中各种文件微小的设计变更在电子设计团队中每天要发生十数次甚至数十次。如果不能时刻保持设计同步，就会把人为的设计错误隐藏下来。这些错误如果一直隐藏到生产环节，将会导致整个项目的失败。

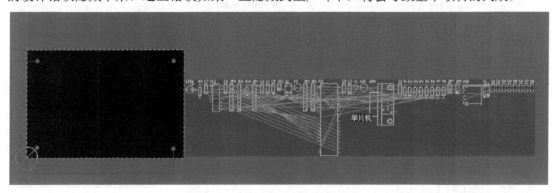

图 3-20　导入设计后元器件的排列

四、元器件布局

1. 布局原则

原理图导入 PCB 后，就要进行元器件布局了，布局就是把元器件合理地摆放在 PCB 板子上，这将为后面的布线工作带来极大的帮助。这里提到的"合理"需要符合如下几个条件：

（1）满足结构对于特定元器件位置的要求，例如按键、LED 灯、各种接口等，如按键放在电路下方靠右以方便操作，LED 灯放在电路板上方以便观察等。

（2）符合结构壳体的布局要求，没有过高的元器件造成壳体不能正常安装。

（3）符合结构提供的散热要求，例如散热片的安装空间以及空气对流空间。

（4）符合电气安装规范，例如接口应放置在板子边缘，便于接插及扎线。

（5）符合电磁兼容性要求，例如大电流电路与微电流电路要在空间分开，高频电路与低频电路要分开，时钟电路尽量靠近应用电路，去耦电容靠近集成电路引脚等。

（6）符合模块化设计要求，例如同一模块的元器件就近集中，数字电路与模拟电路分开。

（7）符合生产工艺要求，例如元器件排列整理、疏密得当，有极性的器件在同一板上的极性标示方向尽量保持一致，元器件的摆放不影响周围元器件的安装等。

基于以上的原则，目前工具中的自动布局工具都无法满足上述要求，所以元器件的布局，只能靠手工方式完成。这是一个需要积累经验的工作，例如对某个模块电路的布线熟悉了，你就能够知道每个元器件之间需要多少空间能够轻松完成这个模块的布线。

2. 布局

（1）找到目标元器件

元器件布局的任务就是找到目标元器件，然后把它摆放到合适的位置。所以，我们要先了解如何寻找目标元器件，以下介绍几种适合本任务的查找方法。

① 原理图与 PCB 之间交互查找。

要在原理图和 PCB 元件之间交互探查，在原理图编辑器中的工具栏中单击【交互探查】按钮，然后按住【Ctrl】键单击原理图元器件，会自动切换到 PCB 中，高亮显示出相同的元器件 。

图 3-21　【选择元件】对话框

先在原理图中顺序选择一些元器件（按住【Shift】键使用鼠标左键依次单击），如 LED 流水灯模块的元件，然后切换到 PCB 编辑器，使用【工具（T）】→【器件布局（O）】→【重新定位选择的器件（C）】命令依据顺序放置元器件到电路板左上方。

② 在 PCB 编辑器中查找。

以前任务中都是用眼睛发现一个目标元器件，然后鼠标单击并拖动到指定位置。

也可以使用【编辑（E）】→【移动（M）】→【器件（C）】菜单命令（快捷键【M+C】），并单击空白区域，会弹出【选择元件】对话框，如图 3-21 所示，从元件列表中，选择希望放置的元件。在对话框底部的【运转】区域，选中【跳至元件（J）】单选按钮使光标移动到对应的元件，选中【移动元件到指针（M）】单选按钮移动元件到光标上。

（2）组建元器件集合（Union）

元器件集合就是把多个元器件集合成为一个群组，当移动这个集合时所有在这个群组内的元器件一起被移动。这个功能特别适用于模块电路的布局。一旦完成某个功能模块的元器件的布局，就可以把它们组成一个元器件集合。当需要调整这个模块电路的位置时，就可以整体移动它们。

如需要创建一个元器件集合，首先选中元器件，在选中的元器件上右击，在弹出的快捷菜单中选择【联合（U）】→【从选中的器件生成联合】命令，即可以创建集合，可以定义多个集合。要移动一个元器件集合，单击并按住集合中的任意元器件，并移动鼠标即可

要从集合中移除元器件（或撤销元器件集合），右击元器件，选择【联合（U）】→【从联合打散器件】命令，会出现【Confirm Break Objects Union】对话框，选择希望从集合中移除的元器件，单击【OK】按钮。如果要撤销集合，则选中所有的元器件。

（3）单片机布局要求

综合采用以上各种方法，手工布局如图 3-22 所示。这里需要注意的有如下几点：

① 单片机芯片放置在板子中间，晶振离单片机的晶体振荡引脚要尽量近；

② 电源插口（USB 接口）以及开关放置在板子的边缘；

③ RS232 接口电路放置在板子的边缘，RS232 接口芯片的布局是器件手册上推荐的（如果芯片的器件手册上有推荐的布局或者布线，请尽量按照推荐的完成布局和布线）

④ LED 灯要排列整齐。

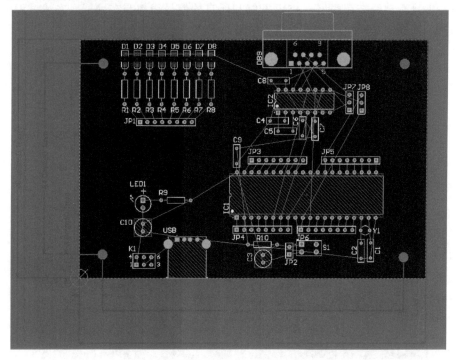

图 3-22 单片机控制电路 PCB 板的布局

五、交互式布线

早期的 PCB 设计比较简单，单面板、几个元器件、几十根走线，所以 PCB 布线都是由手工方式完成的。随着电子产品设计越来越复杂，PCB 板由单层转变成双层板、多层板、柔性板以及刚柔结合板，元器件数量有几个增加到几十个、几百个甚至上千个，元器件的封装形式由全部是通孔元器件转变为大量使用 SMT 元器件，甚至在 PCB 板的基板中嵌入元器件，走线由几十根增加到几千根。而且由于信号跳变沿变得越来越陡，走线过程中要注意走线的阻抗、走线间的串扰、电流回流面积等诸多因素。传统的手工布线必须在规则约束下才能避免出错，走线过程中要不停调整走线宽度和形态，注意走线的拓扑结构，注意走线长度，借助信号完整性分析工具考量布线质量，借助自动布线工具减少工作量。本电路采取自动布线和手工布线相结合的交式布线方式，下面进行单片机控制电路的布线。

（1）供电网络布线

首先在 PCB 板完成 GND 和+5V 的连线，连线形式为汇流排，即从电源滤波电容 C10 开始走线，然后分支出 3 路分别供应单片机、RS232 接口电路和 LED 灯。

+5V 和 GND 网络的主干线路宽度按照规则中的最大宽度，连接到器件引脚的宽度按照规则中的优选宽度。如果底层不考虑敷铜，那么+5V 和 GND 两个网络要距离近些，这样对于提升板子的抗干扰有好处。在完成布线的过程中需要改变走线宽度时，使用【Shift+W】组合键，在走线时使用该快捷键可以弹出【Choose Width】对话框，单击一个新的线宽并关闭对话框，继续走线时将会使用新选定的线宽。可用的线宽可以单击【Preferences】对话框【PCB Editor-Interactive Routing】页面的【Favorite Interactive Routing Widths】按钮进行编辑。

本任务中只有地线布在底层，+5V 网络和所有的信号线都布在顶层，布线过程中注意操作层的切换。完成电源网络类布线之后的结果如图 3-23 所示。

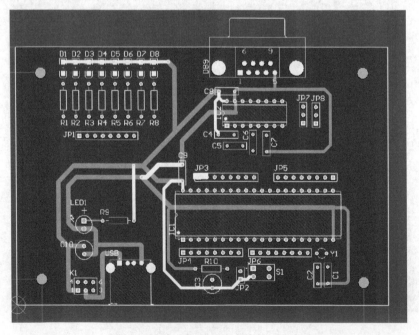

图 3-23　完成电源网络布线后的结果

（2）敷铜管理

完成+5V 和 GND 网络布线后，接下来做的事情是规划板上的敷铜。一般来讲，采用 GND 网络来对板上空白地方敷铜，这样做的好处是：一是为信号网络提供更近的回流路径；二是平衡板上铜皮量，有利于提高成品率。

对于双面板，信号线主要在顶层平面布线，尽量保证底层平面能够形成一个完整的敷铜平面。这样对于控制信号网络的回流面积以及提升板子的抗干扰性能都非常有好处。顶层平面的走线要尽可能集中，便于留出更多的空间可以敷铜。同时顶层敷铜和底层敷铜要通过尽可能多的过孔连接在一起，目的是降低它们之间的连接阻抗。

很多设计者是所有信号线布线完成后再进行敷铜，这是不正确的做法。因为板子良好的抗干扰能力是由网络更小的回流面积以及低阻抗的回流途径决定的，因此要保障 GND 网络的低阻抗。如果等所有信号线布线完成后再连接 GND 网络，会造成 2 个 GND 平面（敷铜）之间由细小走线连接在一起的情况，这必然造成某些 GND 平面接地阻抗增大，干扰信号非常容易侵入这些平面上的集成电路，所以正确的做法是先敷铜再进行信号线的布线。

敷铜是执行【放置（P）】→【多边形敷铜（G）】命令，弹出【多边形敷铜】对话框，如图 3-24 所示。先对底层进行敷铜，选择【层】为【底层（Bottom Layer）】；敷铜的是地网络，所以【链接到网络】选择【GND】；选择【死铜移除】，用于删除布线后孤立的不与地相连的敷铜。单击【确定】按钮，光标带出"十"字形，依次单击电路板 4 个角，对整个电路板底层进行敷铜。

以同样步骤对电路板顶层进行敷铜。

图 3-24　【多边形敷铜】对话框

为了不影响走线，可以使用【工具（T）】→【多边形填充（M）】→【隐藏所有多边形（Shelve 2 Polygon(S)）】命令把多边形隐藏，等所有信号线布线完成后恢复它们。

（3）手工布线

接下来完成板上所有的信号线，注意走线的顺序是：时钟线→数据/地址线、复位线、相关控制线→数据通信线→其他连线，视具体情况采用手工布线或者自动布线。

上述顺序一般是按照信号的频率排列的，同时也代表了我们对信号线的重视程度。合理处理好重要信号线的布线问题，那么整个 PCB 板子的抗干扰能力就可以大大增强。注意在串扰允许的情况下尽量将信号线集中、靠近，这样可以提高布线空间的利用率。同时，可以帮助保留大块空白区域用于敷铜。完成布线之后如图 3-25 所示。

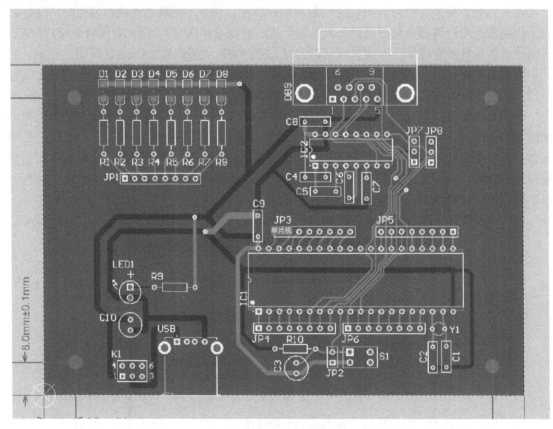

图 3-25　完成所有网络布线后的结果

（4）恢复敷铜

使用【工具（T）】→【多边形填充（M）】→【恢复所有多边形（Restore 2 Shelved Polygon(S)）】命令可以恢复顶层与底层的敷铜，顶层恢复敷铜如图 3-26 所示，底层也同样可以看到恢复了敷铜，至此完整的 PCB 布线工作就完成了。

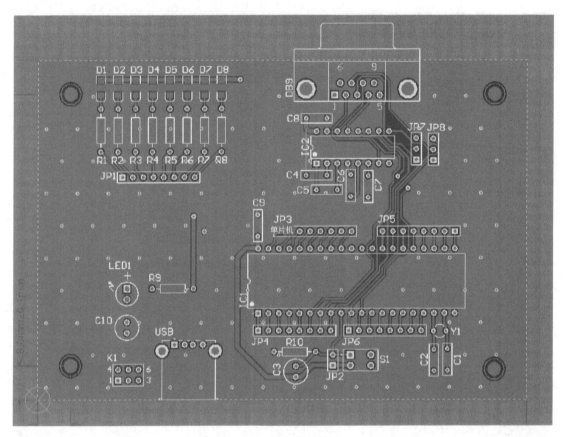

图 3-26　恢复顶层敷铜

六、在线规则检查

Altium Designer 提供了在线 DRC 的功能，任何操作完成后，软件会自动进行 DRC 检查。考虑到计算机的计算能力和使用的流畅性，在线 DRC 检查一般设置为常用规则的检查。在布线完成后要对整板进行一次完整的 DRC 规则检查，确保设计的板子符合质量要求。执行菜单【工具（T）】→【设计规则检测（D）】命令可以打开【设计规则检测】对话框，如图 3-27 所示，单击左下角的【运行 DRC】按钮就可以对整个 PCB 板进行全方位的 DRC 规则检查。

Altium Designer 会自动生成 DRC 报告文件，以默认名称和路径保存，属于单片机系统工程下的输出文件之一。可以在工程下的【Generated】→【Document】中找到打开，如图 3-28 所示。

可以根据报告内容查找错误所在，并修正它们，如图 3-29 所示。

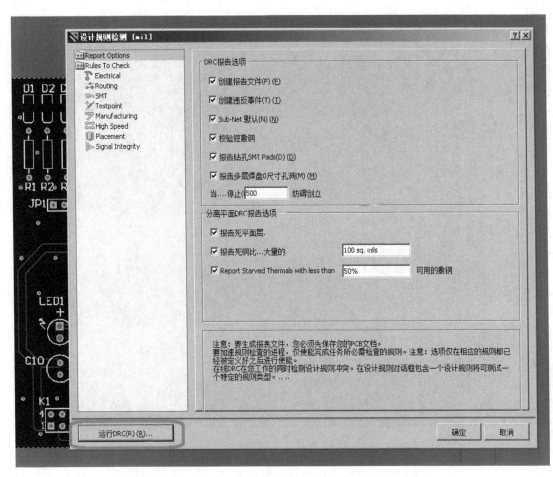

图 3-27 【设计规则检测（Design Rules Check）】对话框

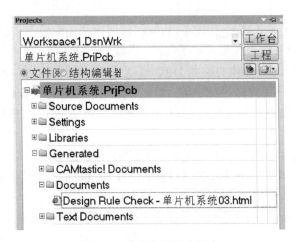

图 3-28 设计规则检查报告

Design Rule Verification Report

Date : 2015/3/24
Time : 0:55:23
Elapsed Time : 00:00:00
Filename : H:\ÀíÂÏÉ\\µ¥Æ¬úÍµí³\µ¥Æ¬úÍµí³\µ¥Æ¬úÍµí³03.PcbDoc

Warnings : 0
Rule Violations : 0

Summary

Warnings		Count
	Total	0

Rule Violations	Count
Width Constraint (Min=19.685mil) (Max=59.055mil) (Preferred=39.37mil) (InNetClass('Power_Nets'))	0
Short-Circuit Constraint (Allowed=No) (All),(All)	0
Un-Routed Net Constraint ((All))	0

图 3-29　DRC 规则检查报告

单片机控制电路 PCB 设计任务检测与评估表

编号	检测内容		分值	评分标准	学生自评	小组评价	教师评价
1	创建 PCB 文件并放置固定孔	创建 PCB 文件	3 分	名称、文件类型、保存位置各 1 分			
		放置 4 个固定孔	10 分	类型、层、位置、大小各 0.5 分			
2	设置 PCB 设计规则	导线宽度	11 分	电源类 6 分，通用类 3 分，优先级 2 分			
		布线层	4 分	每层 2 分			
3	PCB 同步		5 分	把原理图同步到 PCB 中			
4	元器件布局		18 分	不符合布局原则一个扣 1 分，扣完为止			
5	交互式布线	布线	26 分	布线的层、宽度各 1 分，错一根线扣 1 分，扣完为止			
		敷铜	8 分	敷铜与布线的顺序 2 分，层、连接网络、死铜移除各 2 分			
6	在线 DRC 检查		5 分	生成 DRC 规则检查报表，无错误			
7	综合表现		10 分	团队协作，遵守纪律，安全操作			
合计			100 分				
经验与体会							

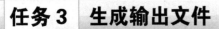

任务 3　生成输出文件

任务分析

完成 PCB 板的设计，可以说电子产品研发任务已经完成大半部分，接下来的工作就是把设计图纸转化为可以用于生产加工的输出文件，这个环节非常重要，因为电子产品的加工过程包含了制板、元器件购买、焊装、检测、产品装配、功能及性能测试、包装以及装箱等多个步骤，每个步骤都需要有相应的文件支持。

本任务介绍生成制造文件和物料清单文件。

请按要求在 4 节课内完成以下任务：

1. 生成印制线路板制造文件——Gerber 和 NC Drill 文件。

（1）在 PCB 编辑环境下生成 Gerber 文件，设置要求如下：单位 mm，格式 4 : 3，所有使用的层，光圈 RS274X，其他为默认设置。

（2）在 PCB 编辑环境下生成 NC Drill 文件，设置要求如下：单位 mm，格式 4 : 3，单位公制，其他为默认设置。

2. 生成材料清单文件——BOM（Bill Of Materials）文件。

3. 输出文档统一管理文件——OutJob。

（1）在 OutJob 中生成 Gerber 和 NC Drill 文件，保存在与工程相同的位置，具体位于文件夹"Project Outputs for 单片机系统"下的子文件夹"Generate Files"中。

（2）在 OutJob 中生成 BOM 文件

基于 Excel 目标发表 PDF 并打印。

任务准备

安装有 Altium Designer 10 软件的计算机，设计完成的单片机系统 PCB。

任务实施

一、生成印制线路板制造文件——Gerber 和 NC Drill 文件

1. 生成 Gerber 文件的必要性

现在的 PCB 制作都采用光绘技术，使用光绘机直接将 CAD 设计的 PCB 图形数据文件送入计算机系统，控制光绘机利用光线直接在底片上绘制图形，光绘机使用的标准数据格式是 Gerber 格式，也是印制板设计生产行业的标准数据格式。Gerber 格式的命名引用自光绘机设计生产的先驱者——美国 Gerber 公司。

大多数工程师都习惯于将 PCB 文件设计好后直接送 PCB 厂加工，而国际上比较流行的做法是将 PCB 文件转换为 Gerber 文件和钻孔数据后交 PCB 厂，这是因为电子工程师和 PCB 制造工程师对 PCB 的理解不一样的，由 PCB 工厂转换出来的 Gerber 文件可能不是设计者所希望的。例如，设计时将元件的参数都定义在 PCB 文件中，又不想让这些参数显示在 PCB 成品上，然而如果你未作说明，PCB 厂会将这些参数都留在了 PCB 成品上。若自己将 PCB 文件转换成 Gerber 文件就可避免此类事件发生，可以保护自己的劳动成果不被窃取，公司的机密不被盗窃。

2. 生成 Gerber 文件

在 PCB 编辑环境下，执行【文件（F）】→【制造输出（F）】→【Gerber Files】命令，打开如图 3-30 所示的【Gerber】设置对话框。

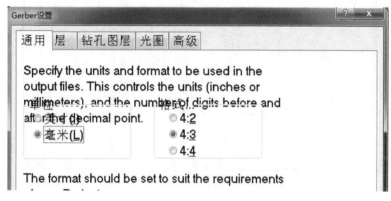

图 3-30　【通用（General）】选项卡

【Gerber 设置】对话框提供了 Gerber 文件输出选项的完整配置。对话框被分为以下几个选项卡：

（1）【通用（General）】选项卡

使用本选项卡，可以设定输出 Gerber 文件的单位和规格，单位可以是英寸或者毫米，本任务设为毫米。

格式则指定了坐标数据的精度，也就是 PCB 的生产精度，格式的精度越高对应的光绘和制造越困难，成本也就越高，需要事先和 PCB 制板厂商联系确认该项设置，本任务选中 4：3 单选按钮。

（2）【层（Layers）】选项卡

本选项卡主要设置需要输出为 Gerber 文件的图层，以及设定某一层是否输出镜像的 Gerber 文件。单击【画线层】按钮，选择【所有使用的（U）】选项，则所有使用的层都被选中，如图 3-31 所示。

（3）【钻孔图层（Drill Drawing）】选项卡

使用这个选项卡，可以设定钻孔图示文件需要使用的钻孔对，也可以输出生成镜像文件。这里还可以设置不同类型和尺寸钻孔的图示图案。本任务中选中【所有已使用层对的图】复选框，如图 3-32 所示。

图 3-31 【层（Layers）】选项卡

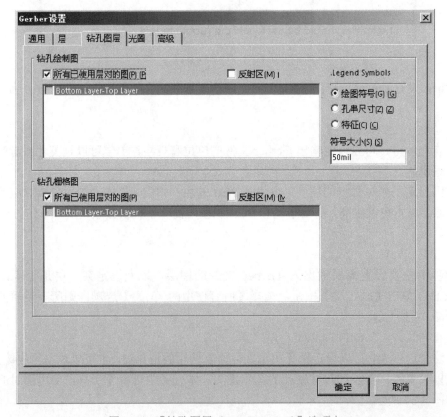

图 3-32 【钻孔图层（Drill Drawing）】选项卡

（4）【光圈（Apertures）】选项卡

这个选项卡主要是为了设置输出标准的 Gerber 文件时使用的光圈信息。RS-274D 格式已经不推荐使用，所以在这个选项卡中只需要选中【嵌入的孔径(RS274X)】复选项，选择使用 RS-274X 标准输出 Gerber 文件，如图 3-33 所示。

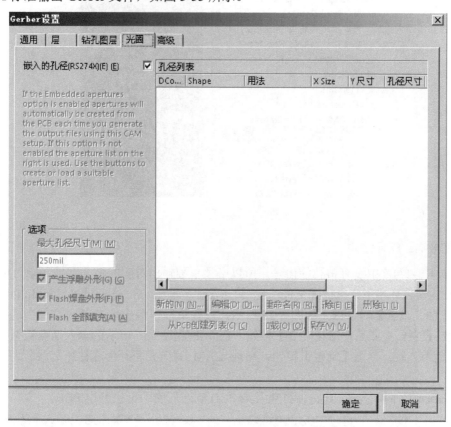

图 3-33 【光圈（Apertures）】选项卡

（5）【高级（Advanced）】选项卡

在这个选项卡上，可以设置例如用于生成 Gerber 文件的胶片尺寸、光圈匹配误差、批量模式、消零设置、胶片上的位置、光绘机的方式以及其他等设定。本选项卡全部为默认设置。

全部设置完成后，单击【确定】按钮，就会自动生成 Gerber 文件。

此时在工程面板中可以看到如图 3-34 所示的 Gerber 文件，并在工作区显示该文件内容。

【CAMtastic！Documents】下是生成的 Gerber 文件，每个生成的 Gerber 文件将使用 PCB 文档的文件名，即 PCB 文档名称.Gerber 后缀名。同时在计算机中保存"单片机系统"工程相同的文件夹中自动产生了一个新的文件夹"Project Outputs for 单片机系统"，在其中可以看到 Gerber 文件。

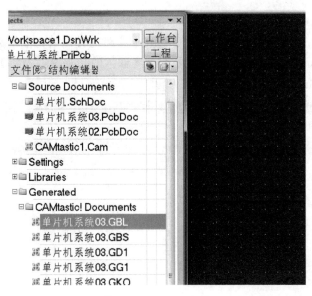

图 3-34　Gerber 文件

3. 生成 NC Drill 文件

Gerber RS-274X 中没有钻孔的信息，所以必须单独输出对应的钻孔文件（NC Drill）。

在 PCB 编辑环境下，执行【文件（F）】→【制造输出（F）】→【NC Drill Files】命令，弹出【NC 钻孔设置】对话框，如图 3-35 所示，设置单位和格式与 Gerber 文件中的相同，其他采用默认设置，完成后单击【确定】按钮，在弹出如图 3-36 所示的输入钻孔数据对话框中把单位设置为公制，单击【确定】按钮，出现 CAM 输出界面。生成钻孔文件名为"单片机系统.TXT"。

把 Gerber 文件和 NC Drill 文件打包发给 PCB 制造厂家即可生产出 PCB。

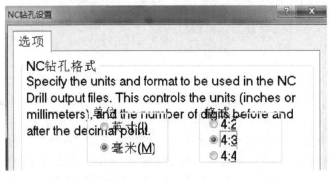

图 3-35　【NC 钻孔设置】对话框　　　　　　　图 3-36　钻孔数据输入

二、生成材料清单文件——BOM（Bill Of Materials）文件

1. 生成材料清单文件的必要性

板级设计的输出文件中比较重要的一类数据是材料清单（Bill Of Materials），通常称为 BOM 或者 BOM 表。在电子产品生产加工过程中许多环节都需要 BOM，例如设计完成后需

要统计产品的硬件成本，提交给采购部门的采购清单，提交给焊装部门的领料清单等。由于用途不同，这些物料清单包含的元器件信息也是不一样的。管理层关注的是每个元器件的单价、批量价格，采购部门关心的是制造商的元器件编码，生产部门需要知道的是每个元器件的库存代码，而焊装生产线需要的是每个元器件在板子上的位置信息等。

在 Altium Designer 中，提供了自动生成 BOM 表的工具，而且还能够依据模板定制生成团队中不同角色人员需要的 BOM 表。

2. 创建一个 BOM 表

在原理图或者 PCB 编辑环境下，执行【报告（R）】→【Bill of Materials】命令，会自动弹出如图 3-37 所示的对话框。

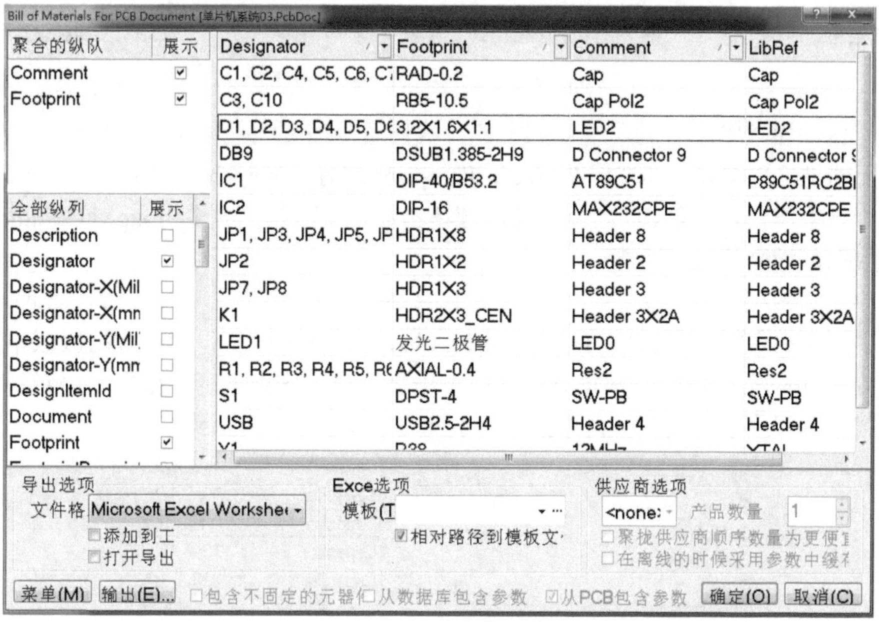

图 3-37 材料清单设置对话框

在该对话框中列出了源文档中所有元器件的不同属性（或者参数），每个属性（或者参数）都对应着不同的列。在这个对话框中可以设置哪些数据需要显示，以及它们的显示顺序、是否合并等，软件就会根据设置生成所需要的 BOM。

（1）数据布局与合并显示

对话框左侧包含两个区域：【聚合的纵列 Grouped Columns】和【全部纵列 All Columns】。后者提供了可以在报告中使用的所有数据列，每个列都表示一个元器件的属性（或者参数）。每个列都有关联的【展示 Show】选项，选择该选项，就会在对话框右侧的数据区域显示对应的数据，如图 3-38 所示。这个区域显示了将会出现在 BOM 中的数据。

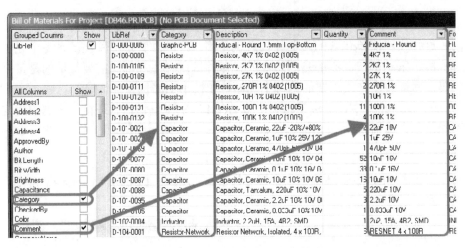

图 3-38　BOM 数据布局与合并

　　如果元器件比较多或者为了统计的方便，我们经常需要根据某个元器件属性，把这个属性相同的元器件合并显示。例如，LibRef、Footprint 或者 Comment 相同。

　　要执行这个操作，从【All Columns】区域单击并拖曳数据列到【Grouped Columns】区域，对话框的数据区域会相应地更新。

　　（2）改变数据列次序

　　数据区域中的数据列的次序可以从【All Columns】区域改变，或从数据区域本身改变。要从【All Columns】区域改变数据列的次序，用鼠标拖曳需要改变的数据入口到新的位置，被拖曳的数据列将会插入到高亮的数据入口的上方，如图 3-39 所示。

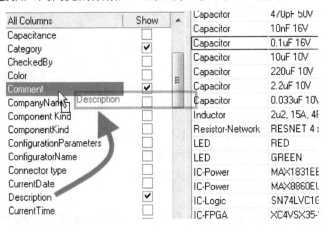

图 3-39　拖曳列表入口改变数据次序

　　要从数据区域改变数据列次序，单击并拖曳列表名称到一个新的有效位置，有效位置会由两个绿色的垂直箭头标识，如图 3-40 所示。

图 3-40　拖曳数据列名称改变数据次序

3. 导出报告

一旦按要求定义和组织了 BOM 内容，就可以生成报告了。导出 BOM 数据的设置位于物料清单设置对话框的下方，如图 3-41 所示。

图 3-41 导出报告设置

在导出选项部分进行三项设置：

（1）使用【文件格式】下拉菜单，选择 BOM 数据导出的文件格式，本任务选择【Microsoft Excel Worksheet (*.xls;*.xlsx;*.xlt;*.xltx)】格式，即 Excel 表格。

（2）若要自动打开导出的文件，选中【打开导出（Open Exported）】复选框。

（3）要将生成的报告文件添加到工程，选中【添加到工程（Add to Project）】复选框。

如果导出的 BOM 数据到选择的是 Excel 文件格式，我们就可以使用指定的 Excel 选项控制文件的样式。单击【模板】下拉箭头可以访问预定义的模板列表，它们作为 Altium Designer 的一部分已经安装，本任务选择模板【BOM Variant Template.XLT】。

单击如图 3-41 所示下方的【输出】按钮。在弹出的【Export】对话框中指定导出文件的名称和保存路径，单击【保存】按钮就可以导出文件，如图 3-42 所示。

	A	B	C	D	E	F
			Bill of Materials For PCB Document [单片机系统03.PcbDoc]			
		单片机系统03.PcbDoc				
		单片机系统.PrjPcb				
		None				
	2015/5/23	20:38:41				
	23-May-15	8:39:09 PM				

Footprint	Comment	LibRef	Designator		Quantity
RAD-0.2	Cap	Cap	C1, C2, C4, C5, C6, C7, C8, C9		8
RB5-10.5	Cap Pol2	Cap Pol2	C3, C10		2
3.2X1.6X1.1	LED2	LED2	D1, D2, D3, D4, D5, D6, D7, D8		8
DSUB1.385-2I	D Connector 9	D Connector 9	DB9		1
DIP-40/B53.2	AT89C51	P89C51RC2BN/0	IC1		1
DIP-16	MAX232CPE	MAX232CPE	IC2		1
HDR1X8	Header 8	Header 8	JP1, JP3, JP4, JP5, JP6		5
HDR1X2	Header 2	Header 2	JP2		1
HDR1X3	Header 3	Header 3	JP7, JP8		2
HDR2X3_CEN	Header 3X2A	Header 3X2A	K1		1
发光二极管	LED0	LED0	LED1		1
AXIAL-0.4	Res2	Res2	R1, R2, R3, R4, R5, R6, R7, R8, R9, R10		10
DPST-4	SW-PB	SW-PB	S1		1
USB2.5-2H4	Header 4	Header 4	USB		1
R38	12MHz	XTAL	Y1		1
					44

图 3-42 生成的 BOM 清单

三、输出文档统一管理文件——OutJob

1. 输出文档统一管理文件的必要性

如前所述，PCB 板设计需要输出很多文件，以前这些输出的加工文件都是由团队的多个工程师维护的，到达某个设计节点由某个工程师产生某种生产文件。例如，原理图设计完成后，由电子工程师生成 BOM 数据；PCB 板设计完成后由 PCB Layout 工程师产生 Gerber 等光绘文件、PCB 板焊装文件、测试文件。这种粗放的、几乎没有管理的工作方式存在着许多问题：

（1）每次输出某个生产文件时需要对这个输出文件重新设置它的输出格式，浪费时间。

（2）每个环节的输出文件必须要熟悉这个环节设计环境的工程师完成，否则容易出错。

（3）输出文件存放的位置不固定而且文件的名字相同，很容易与前面某个时候输出的文件混淆。

（4）不利于团队合作和数据的统一管理。

正是关注到上述的诸多问题，Altium 公司提出了 OutJob 的解决方案。简单来说，OutJob 就是一个预先配置的输出文件集合。OutJob 保存了每个输出文件的设置、输出媒介以及输出位置。在 Altium Designer 工程中包含 OutJob，设计团队可以轻松实现：

（1）每个输出文件只需设置一次；

（2）每个输出文件都由最专业的工程师设置；

（3）任何工程师打开 OutJob 都可以输出任何需要的输出文件；

（4）所有的输出文件存放在指定的地方，方便查找以及进一步与公司的管理系统数据集成。

2. OutJob 的组成

OutJob 文件是通过 Output Job 编辑器进行管理的，在 Altium Designer 主界面下，执行【文件（F）】→【新建（N）】→【输出工作文件（U）】命令或右击工程面板的工程名称，并从弹出菜单中选择【给工程添加新的（N）】→【Output Job File】命令，Output Job 文件随即添加到工程中时，显示在工程面板中的"Settings\Output Job Files"子文件夹中，并同时在主窗口中出现 OutJob 设置界面，如图 3-43 所示，由三个部分组成。

（1）变量选择——设置派生变量

Altium Designer 允许 PCB 工程的输出使用或不使用设计中定义的派生变量。

（2）OUTPUS——添加和配置需要的输出文件

输出文件按照功能分类，诸如 Assembly 装配输出、Fabrication 制造输出、Report 报告输出等。

（3）输出容器——添加和配置需要的输出格式

任何给定类型的输出文件的生成，都需要映射到相应的输出格式。输出格式是【容器 Output Containers（PDF，Folder Structure，Video）】，或是【硬拷贝 Hard Copy（基于打印机的输出）】，用户可以控制输出文件在哪里生成以及如何生成。

图 3-43　OutJob 的组成

3. 在 OutJob 中生成 Gerber 和 NC Drill 文件

前面介绍了 Gerber 文件可以在 PCB 编辑器上输出，这里介绍在 OutJob 中输出，使用 Output Job 文件（*.OutJob），运行配置好的输出生成器将会输出 Gerber 文件。

（1）设置变量选择

采取默认设置：为整个文件输出设置一个单一变量，如图 3-43 所示。

（2）设置 OUTPUS

右击如图 3-43 中的制造输出【Fabrication Outputs】下的【Add New Fabrication Output】，在弹出的快捷菜单中选择【Gerber Files】选项，即在【Fabrication Outputs】下生成【Gerber Files】，双击【Gerber Files】，弹出和图 3-30 一样的【Gerber 设置】对话框，可以参照之前的方法对其进行设置。

同法添加【NC Drill Files】并进行设置。

（3）设置输出容器

在输出容器中选择【Folder Structure】，双击打开设置对话框，单击【高级】按钮，弹出【Folder Structure settings】对话框，如图 3-44 所示。

① 设置输出管理器。输出管理器指定了在哪里创建用来存放输出文件的容器，这个位置包含了多阶路径，每阶路径都由相应的弹出菜单定义，默认情况下的设置为【Release Managed】，它是指设计数据管理系统会自动处理根路径。切换为【Manually Managed】阶段可以定义本地的输出路径，按需要指定相对于设计工程的相对路径。如图 3-45 所示设置路径，选择工程保存位置的文件夹"Project Outputs for 单片机系统"。

容器类型文件夹用于定义需要生成的基于容器类型的子文件夹，默认为"None"，是否使用这个子文件夹是完全可选的，它可以由系统命名（使用容器名称或类型），或由设计者给定一个自定义的名称，本任务选择子文件夹名为"Generate Files"，如图 3-46 所示。

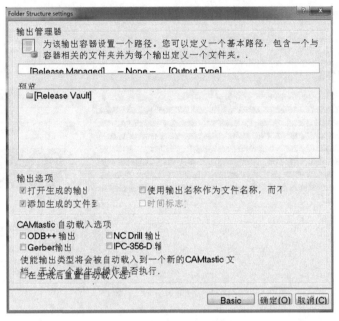

图 3-44 【Folder Structure settings】对话框

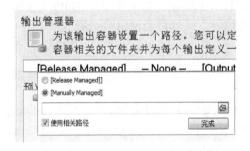

图 3-45 设置路径

图 3-46 设置输出容器类型文件夹

② 设置输出选项。选中【打开生成的输出文件】和【添加生成的文件到项目】两个复选框。

③ 设置 CAMtastic 自动载入选项。选中【Gerber 输出】和【NC Drill 输出】复选框。设置完成后单击【确定】按钮。

（4）在输出文件和输出容器之间建立链接关系

单击如图 3-43 中【Gerber Files】和【NC Drill Files】所在行对应【使能的】所在列的选择项，可以看到在输出和输出容器之间建立了关系，如图 3-47 所示，单击【容器】下的【生成内容】就可以生成相应的 Gerber 和 NC Drill 文件，并使用 Altium Designer 自带的 CAMtastic 编辑器自动打开。

4. 在 OutJob 中生成 BOM 文件

尽管在项目文件中的原理图和 PCB 编辑器中都可以非常方便地生成 BOM，但是还是建议大家使用 Output Job 文件管理并生成 BOM。道理很简单，在 Output Job 中只要设置一次，就可以在设计的任何阶段都能够正确地输出 BOM 数据。而且，通过 Output Job 统一管理所有的输出文件，可以避免丢失某些输出文件或者输出错误版本的文件。

图 3-47　在输出文件和输出容器之间建立链接关系

（1）添加 Bill Of Materials 并设置属性

右击如图 3-43 中的【Report Outputs】下的【 Add New Output】，在弹出的快捷菜单中选择【Bill Of Materials】选项，即在【Report Outputs】下生成【Bill Of Materials】，可以参照之前的方法对其属性进行设置。

（2）设置输出容器

一旦配置了输出文件，就将其链接到需要的输出容器 Output Containers。BOM 报告可以作为基于文件的输出，或者作为 PDF 发表。它也可以打印出来——直接发送到打印设备，作为 Hard Copy（通过配置一个 Print Job）。

① 基于 Excel 目标发表 PDF。使用 Output Job 文件，BOM 报告也可以发表为 PDF 格式，基于指定的 Excel 模板。选择输出容器中的 PDF，双击打开属性对话框，进行如图 3-48 所示的设置，并在输出文件和输出容器之间建立链接关系，单击【生成内容】按钮即可生成 BOM。

② 打印——硬复制（Print Job）。有些输出文件，例如原理图打印、装配图和 BOM 等，是可以直接发送到打印设备进行打印（Hard Copy）的。要定义如何处理这些硬复制文件，需要添加和配置 Print Job。

新建的 OutJob 文件中会包含一个默认的 Print Job，它连接的是 Altium Designer 软件运行的计算机所连接的默认打印机。可以添加任意数量的 Print Job，单击文本【Add New Print Job】，并为其编辑一个容易识别的名称（例如所连接到的打印机的名称），并对其属性进行设置。并在输出文件和输出容器之间建立链接关系，单击"预览"按钮即可看到要打印的内容，单击【打印】按钮即可打印 BOM。

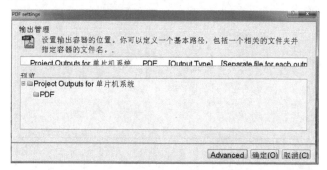

图 3-48　PDF 属性设置

厂方根据加工文件生产出 PCB 板，如图 3-49 所示。

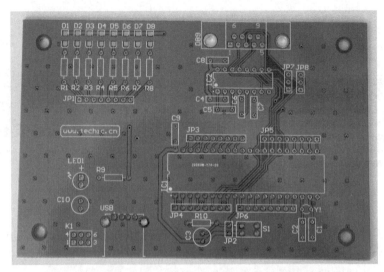

（a）PCB 顶层

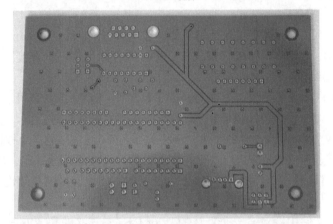

（b）PCB 底层

（c）单片机系统工作图

图 3-49　PCB 板完成图

任务评价

单片机控制电路文件输出任务检测与评估表

编号	检测内容		分值	评分标准	学生自评	小组评价	教师评价
1	PCB 环境下生成制造文件	Gerber 文件	12分	单位、格式、所有使用的层、光圈各3分			
		NC Drill 文件	6分	单位、格式各3分			
2	PCB 环境下生成材料清单文件		20分	文件格式、模板各3分，表格5列每列2分，名称、保存位置各2分			
3	输出文档统一管理文件——OutJob	Gerber 和 NC Drill 文件	32分	变量选择设置2分，添加 Gerber 和 NC Drill 文件并设置属性每项3分，设置输出文件路径及子文件夹、建立链接关系各2分			
		BOM 文件	20分	添加 BOM 文件2分，设置属性文件格式、模板各2分，表格5列每列1分，基于 Excel 目标发表 PDF 路径、子文件夹各2分，建立链接2分，打印3分			
4	综合表现		10分	团队协作，遵守纪律，安全操作			
合计			100分				
经验与体会							

本项目以设计单片机控制系统 PCB 为例，共分为 3 个任务。

任务1介绍了单片机控制系统电路原理图绘制，因为电路比较复杂，为了更容易区分各部分功能，采用了分功能模块绘制，各模块之间不直接采用导线相连，而是采用网络标号实现电气连接；为了使电路图更简洁，部分连线采用了总线绘制。

任务2为单片机控制系统设计了双面 PCB 板，为了达到更加科学的布线，采用了手工交互式布线。

任务3介绍了比较重要的制造文件 Gerber 和 NC Drill 文件及装配文件 BOM 的生成。以上文件都可以在 PCB 中生成，但实际工作中为了便于管理，建议采用文档统一管理文件 OutJob 方式生成。

附录 A

计算机辅助设计绘图员技能鉴定样题和操作提示（电路类中级）

考试时间：3小时

一、抄画电路原理图（45 分）

1. 在指定目录下面新建一个以考生名字拼音首字母命名的工程文件夹。例如，考生陈大勇的文件名为"CDY.PRJPCB"。

2. 在项目文件中新建一个原理设计图文件，文件名为"mydot1.schdoc"。

3. 按如图 A-1 所示尺寸格式画出标题栏，填写标题栏内容（单位：mm。注："考生单位"一栏填写考生所在的单位）。

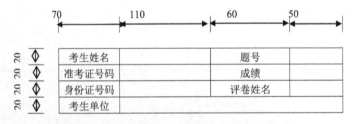

图 A-1　标题栏

4. 按照如图 A-2 所示绘制原理图（要求确定 Footprint 属性，元件全部为直插式元件）。

5. 产生网络表格。

二、生成电路板（45 分）

1. 在项目文件中新建一个 PCB 文件，文件名为"mydot2.pcbdoc"。

2. 将原理图 A-2 制成双面板，电路板规格为"150mm×135mm"。

3. 要求电源和接地线宽度为20mil。

4. 保存 PCB 文件。

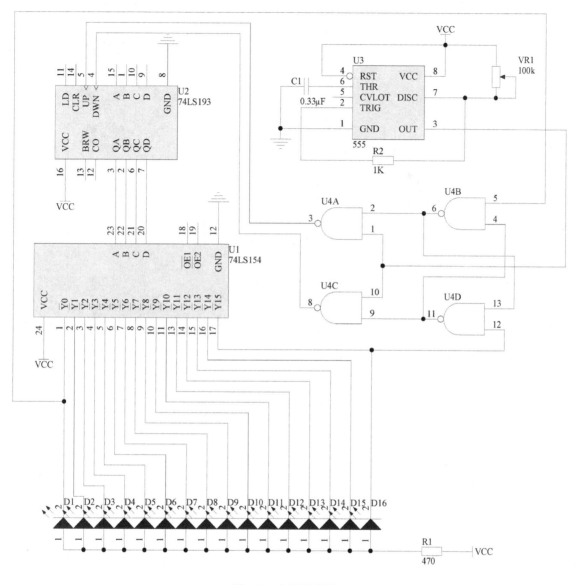

图 A-2　电路原理图

三、制作原理图文件和 PBC 元件封装（10 分）

1．在项目文件中新建一个原理图元件库文件，文件名为"mydot3.schlib"。

2．抄画如图 A-3 所示原理图元件，并对元件进行命名。

3．在项目文件中新建一个 PBC 元件库文件，文件名为"mydot4.pcblib"。

4．抄画如图 A-4 所示的 PBC 元件引脚封装，要求对元件进行命名（焊盘水平间距 400 mil，垂直间距为 80mil，焊盘孔径为 30mil）。

5．保存两个文件。

6．退出绘图系统，结束考试。

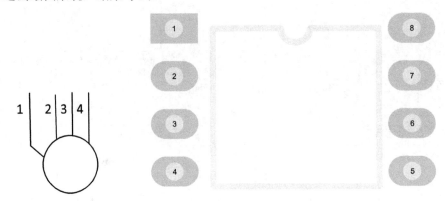

图 A-3　原理图元件　　　　　　　　　图 A-4　引脚封装

计算机电子电路辅助设计工（中级）考核大纲

一、适用对象

中、高等职业学校电子、电气、机电一体化、自动化、计算机硬件等专业学生。从事电子电路绘图设计的技术人员。

二、申报条件

1. 文化程度：就读于中等职业学校、高职院校学生或从事本工种工作人员。
2. 身体状况：健康。

三、鉴定方式

技能：实际操作。

四、考生与考评员比例

技能：15：1。

五、考试要求

技能要求：考试时间 3 小时，满分 100 分，60 分为及格。

六、考试环境——计算机配置

1. 基本硬件：CPU，Pentium II 以上各个级别；内存，64MB 以上、显示器（分辨率：1024×768 以上，颜色 256 色）；硬盘，300MB 以上。
2. 软件配置：操作系统，Windows98/Me/NT/XP/2000；辅助设计软件，Protel DXP。

七、鉴定内容（操作技能）（比重：100%）

1. 文档管理（比重：5%）

（1）项目文件的建立（*.PrjPCB）。
（2）建立项目文件的内部文件。
（3）文件的打开、保存、关闭、复制、移动、重命名、删除等操作。

2．电路原理图的设计与绘制（比重：35%）

（1）在项目中建立电路原理图的设计文档（*.SchDoc）。

（2）电路原理图的设计环境设置（打开工具栏、图纸大小、方向、标题栏的设计及内容填写、图纸栅格的大小）。

（3）原件元件库的加载和元件的查找。

（4）元件的放置和调整（元件的选取、点取、旋转、翻转、移动、复制、删除等操作）。

（5）元件属性设置（标号、标称值、封装号、显示、隐藏等属性）。

（6）电路绘制基本技术（画线工具的使用、绘制导线、放置节点、放置电源和接地、放置文字、绘制总线、放置网络标号、放置电路端口）。

（7）电路原理图的绘制（包含分立元件、集成电路、总线、网络标号、电路端口等部件的电路）。

（8）网络表和元件列表文件的创造。

3．元件图形的绘制（比重：5%）

（1）元件子库（*.SchLib）的建立。

（2）元件库编辑器画图工具的使用。

（3）分立元件、集成电路图形的绘制。

4．PCB（印制板）图的设计和绘制（比重：50%）

（1）在项目中建立 PCB 图设计文档（*.PCBDOC）。

（2）印制板尺寸大小的设置。

（3）印制板工作层的设置。

（4）元件封装库的加载。

（5）元件封装的放置调整（移动、旋转、翻转）。

（6）元件标注文字的位置调整。

（7）文本的放置和位置调整。

（8）原理图元件与元件封装引脚焊盘的一致性。

（9）元件自动布局和手工调整布局（按给定布局进行）。

（10）对指定连线进行预布线（按图纸要求进行）。

（11）元件自动布线和手工调整布线（要求清除多余布线、对线路进行优化、布通率达100%）。

（12）对指定连线设置线宽。

5．元件封装图形的绘制（比重：5%）

（1）元件封装子库的建立（.PcbLib）。

（2）元件封装编辑器画图工具的使用。

（3）按给定尺寸绘制元件封装图形。

计算机辅助设计技能鉴定评分表（中级）

单位＿＿＿＿＿＿ 姓名＿＿＿＿＿＿ 准考证号＿＿＿＿＿＿ 成绩＿＿＿＿＿＿

题 型	内 容	考 点	分值（分）	评 分
电路原理图的设计与绘制（共40分）	设计环境的建立	建立项目文件	2	
		建立原理图文件	1	
		图纸大小、方向	2	
		标题栏的设计及内容填写	3	
	绘制原理图	漏画、错画元件（2分/个）	≤30	
		漏标、错标元件序号、元件标注（0.5分/个）	≤10	
		电源、接地错误（1分/个）	3	
		漏标元件封装类型（1分/个）	≤15	
		漏写、错写文字（0.5分/个）	2	
		漏画、错画导线（0.5分/个）	≤20	
		漏画、错画I/O端口（1分/个）	3	
		布局合理程度	2	
		走线合理程度	5	
		生成网络表示文件（.NET）	2	
		其他		
得分：				
元件图形绘制（共5分）	建立元件库	原理图元件子库的建立	1	
	绘图	元件图形的绘制	2	
		引脚属性的设置	1	
		元件图形的保存（保存位置和元件名）	1	
得分：				
印制板图的设计与绘制（共50分）	设计环境的建立	建立PBC图设计文件	2	
		板框设置	3	
		元件封装库的加载	2	

题　型	内　容	考　点	分值（分）	评　分
印制板图的设计与绘制（共 50 分）	设计、绘制单、双面印制板	元件布局	4	
		设置布线规则	4	
		自动布线	4	
		调整布线	13	
		调整丝印层上元件参数的位置	3	
		元件引脚封装不对（2 分/个）	≤30	
		丢失导线（1 分/条）	≤15	
		漏布线检查	2	
		其他		
得分：				
元件封装图形的绘制（共 5 分）	建立封装子库	在指定库文件中建立元件封装子库	1	
	绘制元件封装图形	元件封装的绘制	3	
		元件封装板层的选择	1	
得分：				

考评员签名：

年　　　月　　　日

2012 年全国中等学校职业学校技能竞赛电子产品装配与调试 CAD 部分试题

（三）绘画电路图和绘制元器件 PCB 封装图（本项分 2 项，第 1 项 8 分，第 2 项 4 分，第 3 项 2 分，共 14 分）

说明：选手在 E 盘根目录下以工位号为名建立文件夹（××为选手工位号，只取后两位），选手竞赛画出的电路图命名为 Sch××.schdoc，PCB 元件封装库文件为 splib××.PcbLib，并存入该文件夹中。选手如不按说明存盘，将不可能给予评价。

1. 绘画电路图

内容：使用 Protel 2004 DXP 软件，根据赛场提供的温度控制报警器线路板（图 D-1）和元器件表（表 D-1），准确地画出温度控制报警器的电路图，并在电路图中的元器件符号上标明它的标号和标称值或型号。

2. 绘制元器件 PCB 封装图

内容：使用 Protel 2004 DXP 软件，请根据主机控制实物电路，绘制 J_6 程序下载连接器 DB9 封装图。

表 D-1 温度控制报警器元器件表

注：在表格中"名称"旁边有※符号的元器件，表示该元器件为贴片元器件。

序 号	标 称	名 称	规 格	序 号	标 称	名 称	规 格
1	B_1	蜂鸣器	5V	11	R_2	电阻器※	10kΩ
2	DS_1	温度传感器	DB18B20	12	R_3	电阻器※	200Ω
3	J_1	双排弯插插座	CON8	13	R_4	电阻器※	1kΩ
4	J_2	双排弯插插座	CON16	14	R_5	电阻器※	2kΩ
5	J_3	双排弯插插座	CON16	15	R_6	电阻器	20Ω/10W
6	JK_1	继电器	ATQ203-TQ2-5V	16	R_P	电阻器	10kΩ
7	LCD_1	液晶显示器（配排插）	RT1602	17	VD_1	二极管※	1N4007
8	LED_1	发光二极管（白发红）φ3	LED-R	18	VT_1	三极管※	8550
9	LED_2	发光二极管（白发绿）φ3	LED-G	19	VT_2	三极管※	8050
10	R_1	电阻器※	2kΩ	20		PCB 电路板	1 块

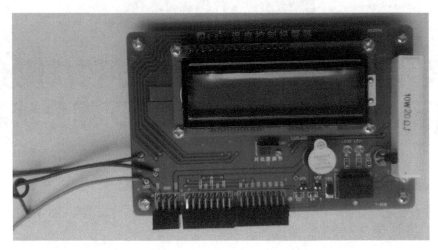

图 D-1　温度控制报警器

Altium 公司 PCB 设计工程师考试题

一、单选题（30 分）

1. .schdot 文档是（　　）类型的文档。
   A. 原理图文件
   B. 原理图模板文件
   C. 原理图库文件
   D. PCB 文件

2. 下面选项中，埋孔的定义是（　　）。
   A. 从顶层到底层贯通的过孔
   B. 从顶层（或底层）到中间某层的过孔
   C. 两边都不到顶层或底层的过孔（看不到的过孔）
   D. 有特殊尺寸要求的过孔

3. 编译.LibPkg 工程后生成的是（　　）。
   A. IntLib 集成库文件
   B. CmpLib 元件库文件
   C. DBLib 数据库元件库文件
   D. SchLib 原理图符号库文件

4. 有关于多边形铺铜的说法正确的是（　　）。
   A. 实心铺铜和网状铺铜基本没有区别，只是美观程度略有不同，设计师可以选择喜好的铺铜方式即可
   B. 可以通过菜单"Place"→"Polygon Pour"命令或工具栏按钮来放置多边形铺铜，无法用选中的一系列元素，诸如闭合线等创建多边形铺铜区
   C. 铺铜是为了抗干扰目的，没有其他好处
   D. 选择实心铺铜还是网状铺铜，与板卡工作所需电流大小也有关系

5. 下面最不适合作为绘制优质原理图的准则的是（　　）。
   A. 为网络命名有意义的标号并组合相关联的信号
   B. 如需多张原理图容纳设计，应使用多张原理图拼接的平面化设计方法
   C. 应尽可能复用电路模块
   D. 应使用标注和指示来规定设计意图及约束信息

6. 以下（　　）快捷键可以快速将光标跳转到指定的元器件上。
   A. JC
   B. JL
   C. JO
   D. JM

7. 在原理图绘制过程中，（　　）可以有效避免十字结点。
   A. 在 Preferences 对话框选中"Display Cross-Overs"和"Convert Cross-Junctions"选项

B．在 Preferences 对话框选中"Optimize wires & buses"选项

C．在 Document Options 对话框选中"Display Cross-Overs"和"Convert Cross-Junctions"选项

D．在 Document Options 对话框选中"Optimize wires & buses"选项

8．下列有关总线的描述，（　　）是不正确的。

A．总线的网络名必须以类似 D[7..0]的格式命名

B．总线的终点可以连接端口和图纸入口

C．总线必须通过总线入口与导线连接

D．总线的终点不能连接到信号线束的入口

9．下列有关 PCB 设计的说法中，（　　）是不正确的。

A．阻焊层提供了一个遮蔽，有助于防止焊料与 PCB 板上这一区域内的铜皮黏着起来，造成故障

B．阻焊层可以防止 PCB 上的铜皮导线的腐蚀

C．做阻焊层需要涂刷油漆，所以几乎所有的颜色是可能的

D．大多数 PCB 装配厂在焊接时是使用波峰焊或回流焊工艺，无论哪种情况下，为了防止相邻铜皮轨线之间潜在的焊料桥接情况的发生，需要使用助焊层

10．如果一个原理图配置为使用英制系统。自动英制选项选中。那么（　　）值时，系统自动将单位从 mil 切换为 inch。

A．>250mil　　　　B．>500mil　　　　C．>750mil　　　　D．>1000mil

11．板级标注的结果保存在（　　）。

A．原理图文件中　　　　　　　　　B．工程文件中

C．Annotation 文件中　　　　　　　D．PCB 文件中

12．BOM 数据导出时的文件格式，不包含（　　）。

A．.csv　　　　　B．.docx　　　　　C．.pdf　　　　　D．.xml

13．下面（　　）方式无法用于编辑参数。

A．设计对象属性对话框　　　　　　B．列表（List）面板

C．检视（Inspector）面板　　　　　D．消息（Message）面板

14．如果想要屏蔽某部分电路的错误报告，可以使用（　　）。

A．Parameter Set 指示或 PCB Layout 指示

B．No ERC 标记或 Compile Mask 指示

C．Net Class 指示或 Parameter Set 指示

D．No ERC 指示或 PCB Layout 指示

15．有关多路布线（Multi-trace）设计的说法不正确的是（　　）。

A．多路布线设计前提，需要首先选中将布线的多个对象（焊盘，导线等）

B．多路布线适用于总线网络布线，普通网络则不适用

C．多路布线过程中，可以修改导线间的间距

D．多路布线过程中，仍然可以应用推挤功能

16．下列方式无法建立电气连接的是（　　）。

A．通过 place wire 建立连接　　　　B．通过 bus 建立连接

C．通过 signal harness 建立连接　　　　D．通过 Place Line 建立连接

17．通过（　　）方式，不能为封装库添加已有的封装。

A．从 PCB 文档中将封装复制粘贴到库中

B．从另一个 PCB 封装库中将封装复制粘贴到库中

C．从原理图文档中通过复制原理图符号将其链接的 PCB 封装粘贴到库中

D．在库内复制粘贴

18．有关 PCB 中特殊字符串设计，错误的是（　　）。

A．特殊字符串经常被用于创建 PCB 模板

B．所有的特殊字符串都可以直接在屏幕上查看

C．允许生成条形码编号

D．特殊字符串由软件预先定义，板卡设计师无法自定义新的特殊字符串

19．生成元件报告时，（　　）不包含在报告之中。

A．元件参数　　　B．元件引脚　　　C．器件模型　　　D．器件供应商

20．PCB 术语中 RoHS 代表的含义是（　　）。

A．限制使用有害物质的缩写

B．非涂镀通孔的缩写

C．用于自动分析和测试电子装置性能和参数的设备的缩写

D．允许电子装置通过特殊硬件来实现自测的一种电子测试方法的缩写

21．OutJob 是一个预先配置的输出项结合，下面说法不正确的是（　　）。

A．每个工程中可以包含任意个 OutJob

B．不同的 OutJob 中不能有相同的输出文件

C．多个输出项可以输出到同一个文件

D．每个输出项都有各自的设置和输出格式

22．在布线过程中，按（　　）组合键可以改变布线模式。

A．Shift+ Space　　B．Ctrl+ Space　　C．Alt+ Space　　D．Alt+Shift+Space

23．下面（　　）操作无法在 PCB 编辑器中执行。

A．将工具栏独自悬浮在主设计窗口　　B．将项目面板悬浮在主设计窗口

C．选择期望查看的 PCB 板层　　　　　D 将已经放置的元器件转化成为页表符

24．PCB 编辑器中，用鼠标滚轮可以对视图进行多种移动操作，除了下面（　　）。

A．放大缩小视图　　　　　　　　　　B．左右平移视图

C．自动平移视图　　　　　　　　　　D．上下移动视图

25．使用下面（　　）方法无法创建 BOM。

A．从工程源原理图文档创建

B．从 PCB 文档中创建

C．在工程配置管理器（Configuration Manager）中创建

D．使用生成报告命令创建

26．下面（　　）快捷键用于刷新屏幕。

A．End　　　　　　B．Esc　　　　　　C．Home　　　　　　D．Page Down

27．发布到生产的板子通常包含（　　）个配置文件。

  A．BOM 表和 Gerber 文件

  B．测试点文件和 Gerber 文件

  C．PCB 裸板制造文件和 PCB 装配指令文件

  D．原理图文件和 PCB 文件

28．下列（ ）元器件位号或者数值表示是不推荐的。

  A．R10   B．K01   C．4.7μF   D．1μF

29．（ ）在原理图中为导线这个设计对象添加设计规则。

  A．在导线的属性对话框中添加规则参数

  B．使用 Compile Mask 对象

  C．使用 Note 对象，在 Note 中描述规则

  D．为导线附加诸如 PCB Layout 的设计指示对象

30．如要对某个 Sheet Symbol 进行 4 次多通道使用，那么下面该 Sheet Symbol 的（ ）位号是正确的。

  A．Repeat(CIN,2,5)   B．Repeat(CIN,0,3)

  C．Repeat(CIN,0,4)   D．Repeat(1,4,CIN)

二、是非题（10 分）

1．在原理图上为设计对象添加规则参数，同步到 PCB 时可以为规则参数自动创建设计规则。 （ ）

2．多通道设计是指设计中利用了可编程逻辑器件，可以扩展多个数据通道。 （ ）

3．层次化设计中，跨越不同原理图页的网络之间可以直接连接。 （ ）

4．批量 DRC 允许用户在电路设计过程中手动执行，并标记出所有违反规则之处。 （ ）

5．当用户将元器件从板的一边翻转到另一边时，不用任何设置，机械层上处理特殊需求比如胶点的任何对象也会自动翻转到另一个机械层上。 （ ）

6．OutJob 允许用户从项目中源文档中提取特定信息，并生成任意数量的各种输出文件。 （ ）

7．假如一个复杂 PCB 工程内设计中有多种不同的元件，因为工程复制的原因，最终发现所有的元件库路径都不正确，利用封装管理器可以将所有元件库的路径一次性修改完毕。 （ ）

8．内电层的应用一方面可以供给元器件电源或地网络，另一方面它还能起到屏蔽的作用，所以许多高速电路设计时还需要考虑内电层与信号层之间的位置关系以达到最佳效果。 （ ）

9．在 PCB 布线过程中，经常会用到当光标靠近已放置对象的某热点时，对象将会把光标吸附到该捕获点，该方法可以帮助设计师提高设计效率，该功能通过使能 "Snap To Object Axis" 激活。 （ ）

10．PCB 布线前，需要确认该 PCB 文档内已对所有网络就布线优先级一一做出排列，以便后续布线按照该优先级按序完成布线。 （ ）

三、操作题（60 分）

请新建一个"考生姓名_考号"命名的考生文件夹（如张三_001），考生将所有操作相关

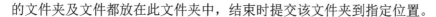

的文件夹及文件都放在此文件夹中，结束时提交该文件夹到指定位置。

1. 设计环境设置（3 分）

在文件夹 CAE1412_SCH 中创建一个新的 PCB 工程，命名为 CAE1412_1.PrjPCB，在其中添加一张新原理图，命名为"CAE1412_1.SchDoc"，并进行如下设置：

（1）设置图纸大小为 A3，水平放置；工作区颜色为自定义 RGB：250,252,248；边框颜色为 6 号基本色；系统字体为 Arial，Regular，字号 10；

（2）设计捕捉栅格为 5mil，可视栅格为 10mil ，电气栅格为 3mil；

（3）设置原理图文档参数 Title 为"CAE Test Project"，制图者为"Altium"，用特殊字符串在标题栏中显示。

保存操作结果。

2. 元器件库操作（6 分）

在 CAE1412_SCH 文件夹中新建集成库工程 CAE1412.LibPkg，在其中添加库文件 Full-Bridge Converter.PcbLib 和 Full-Bridge Converter.SCHLIB，并进行如下操作：

（1）分别生成原理图符号和 PCB 封装库元件报告，使用默认名称和路径保存；

（2）利用这两个源文件，生成集成库文件 CAE1412.IntLib；

（3）将生成的集成库文件 CAE1412.IntLib 添加到工程文件 CAE1412_1.PrjPCB 中。

保存操作结果。

3. 原理图设计（12 分）

（1）在前述 CAE1412_1.PrjPCB 工程的原理图文件 CAE1412_1.SchDoc 中，按下图参考绘制原理图，包括元件、连线、端口和网络等；元器库使用 Full-Bridge Converter.SCHLIB 或 CAE1412.IntLib。

（2）在原理图中插入文本框，显示"Full Bridge Converter Sub Module"，字体大小为 16；

（3）对原理图进行编译，要求无错误无警告。

保存操作结果。

BOM 及图纸参考：

Comment	Pattern	Components
Cap Elec (L1-3)	CAPR5-4X5	C9, Cout
D1N4148	DO-35	D7, D8, D9, D10
Header 2	HDR1X2	I1, V1
IRF840	TO-220AB	Q1, Q2, Q3, Q4
Lossy Inductor	0402-A	L2, Lout
MUR830	SMC	D1, D2
Q2N3906	TO-92A	Q5, Q6, Q7, Q8
Res1	AXIAL-0.3	R3, R9, R10, R11, R12, R13, R14, R15, R16
Trans Simpl	TRF_4	TX2
Trans3 Simpl	TRF_6	TX1

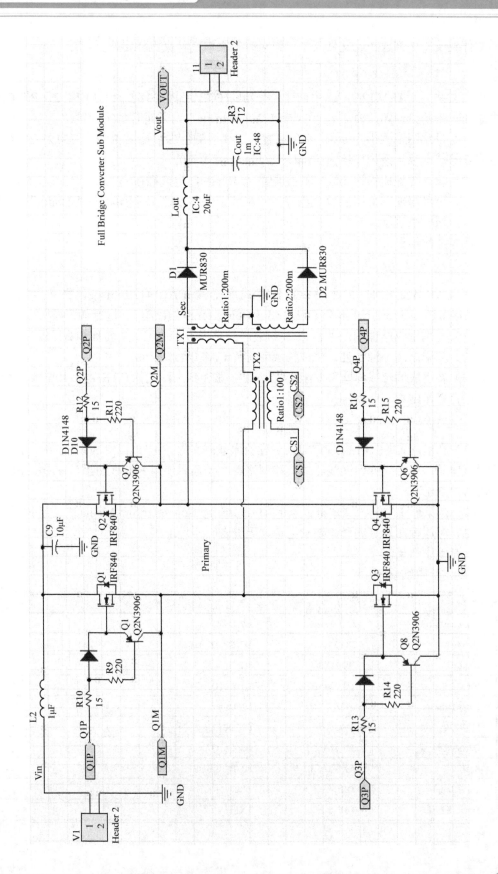

Full Bridge Converter Sub Module

4．PCB 同步（6 分）

（1）打开文件夹 CAE1412_Sync 中的 PCB 工程 CAE1412_2.PrjPCB，在其中添加一个新的 PCB 文件，命名为"CAE1412_2.PcbDoc"。

（2）编译整个工程，直至无错误。之后将原理图文件 CAE1412_2.SchDoc 同步到该 PCB 文件，并将变更报告以 PDF 格式保存到默认路径，名称为"CAE1412_2 ECO.PDF"。

（3）在 CAE1412_2.PcbDoc 文件中，设置电路板尺寸：长 1815mil，宽 1245mil。

（4）在坐标(1100,2150), (1100,1090),(2710,1090), (2710,2150)放置 4 个直径为 80mil 的安装孔。

保存操作结果。

完成之后参考图：

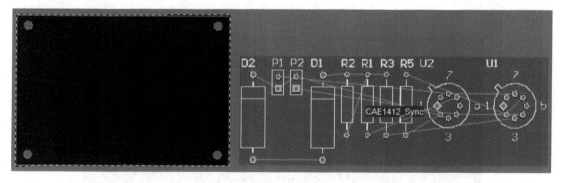

5．PCB 环境设置（6 分）

为上述 CAE1412_2.PrjPCB 工程中的 CAE1412_2.PcbDoc 文件，进行如下设置：

（1）到设计对象的热点捕获距离为 7mil；

（2）在对象被选中后，系统自动保护锁定对象；

（3）系统在交互布线时，不能忽略障碍进行布线，不允许推挤过孔；

（4）设置旋转角度为 30°，3D 体的显示方式为 Draft；

（5）信号层选择顶层和底层，显示复合层，不显示钻孔指示图

（6）DRC 检查规则冲突颜色为 234 号。

保存操作结果。

6．PCB 设计规则（6 分）

打开 CAE1412_PCB 文件夹中的 CAE1412_3.PcbPrj 工程文件，为 CAE1412_3.PcbDoc 设置规则：

（1）普通信号线宽为最小 8mil、最大 20mil，优先线宽为 10mil；电源网络线宽为最小 20mil、最大 50mil，优先线宽为 30mil；

（2）过孔直径为 30mil，Via Hole 直径为 15mil；

（3）最小电气安全间距为 8mil；

（4）过孔尺寸最小为 10mil，最大为 100mil；

（5）丝印与丝印之间间距最小为 5mil；

（6）丝印到焊盘之间的最小间距为 3mil。

保存操作结果。

7．PCB 布局布线（15 分）

（1）按照下图放置元件；

（2）更改所有元件标号，字体高度为 40mil，宽度为 6mil；

（3）手动布线；

（4）布线结束后，在电路板顶层和底层进行铺铜，铺铜网络为 GND；

（5）布线、调整完毕，对整板进行设计规则检查，直到无错为止，并生成检查报告，以默认名称和路径保存。

保存操作结果。

参考布局：

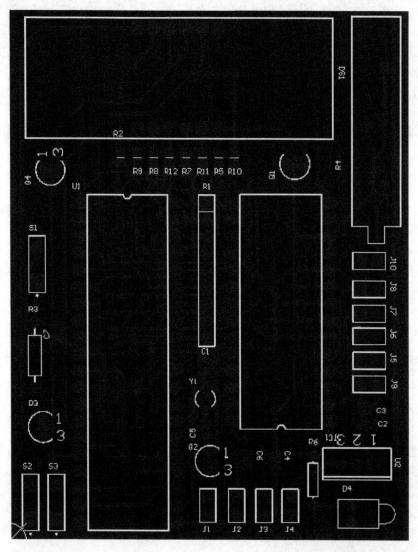

8. 生成输出文件（6 分）

完成上述 PCB 布局布线后，输出如下文件：

（1）BOM，格式为 Excel 文件，列头从左到右依次为 Designator、Value、Comment、Description、Footprint、LibRef、Quantity；

（2）Gerber 文件，输出所有使用到的板层，工程面板中要有 CAMtastic 文件，文件夹中要有生成的板层 Gerber 文件；

（3）输出钻孔文件 NC Drills，工程面板中要有 CAMtastic 文件，文件夹中要有生成的 txt 钻孔文件。

保存操作结果。

参 考 文 献

[1] 王建农，王伟. Altium Designer 10 入门与 PCB 设计实例. 北京：国防工业出版社，2013.
[2] 任富民. 电子 CAD-Protel DXP 电路设计. 北京：电子工业出版社，2007.
[3] 何宾. Altium Designer13.0 电路设计、仿真与验证权威指南. 北京：清华大学出版社，2014.
[4] 王静. Altium Designer Winter 09 电路设计案例教程. 北京：中国水利水电出版社，2009.
[5] 陈学平. Altium Designer 10.0 电路设计实用教程. 北京：清华大学出版社，2013.
[6] 张睿. Altium Designer 6.0 原理图与 PCB 设计. 北京：电子工业出版社，2007.
[7] 高海宾. Altium Designer 10 从入门到精通. 北京：机械工业出版社，2012.
[8] 李磊，等. Altium Designer EDA 设计与实践. 北京：北京航空航天大学出版社，2011.